初学者のための
微積分学

（教養編）

梶原 毅 著

現代数学社

本書は 1992 年 3 月に小社から出版した
『教養数学の勘所をおさえる　微積分学周遊』
を誤植修正・書名変更し、再出版するものです。

序　文

本書は，雑誌“BASIC 数学”に 1988 年 11 月から，1990 年 9 月まで，2 年にわたって，連載した“教養数学の勘所をおさえる”を大幅に拡充して，本の形にまとめたものである．

連載を始めるときの方針は，教科書的に整然とした形ではなく，教養微積分のさまざまな分野から，いろいろな問題を例にとって，それを解説していくことによって，数学全体の基礎である微積分を語るというものであった．従って，必ずしも通常の順序通りに並んでいるというものでもない．

結果的には，数年間微積分を教養の学生に教えている間に，色々な方から教えられたこと，本などから学んだこと，自分で気づいたこと，教える際に工夫したこと，さらには，微積分教育に関連して常々考えていることなどを，網羅した形になった．最後の方は少し難しくなってしまったが，結果として，教養部の数学教官の独白をも含むものになったようである．

本にまとめるにあたって，次のような改訂をほどこした．まず，各章の例題のあとに，関連する問を入れ，ある程度演習書としても使えるようにした．その解答をかなり詳しく付けて巻末に入れ，独習者の便宜をはかった．例題も数を増やし，なるべく多くの分野をカバーするように心掛けた．教科書として書いたものではないが，自由に講義を進めるタイプの先生がサブテキストとして使うことは可能であろう．

また，微積分およびそれに続く分野を勉強していく際に，どうしてもある程度の線型代数が必要となるのだが，実際には，微積分と線型代数はほとんど独立して講義されているのが現状である．

そこで，行列の対角化，行列の指数，二次形式の話，直交多項式，写像の線型近似など微積と線型代数の関連する幾つかのテーマを選び，やはり例題形式で補章として入れた．これらも合わせて勉強すればますます微積分の理解が深まり，線型代数のありがた味が認識でみきるだろう．

連載の最初の頃，マセマティカというマッキントッシュ用の数学ソフトが発売され，さっそく購入することができたので，それを用いていくらかのグラフなどを作成して入れた．特に 3 次元グラフはありがたい．ただ，コンピュータに関する話題はあまりにも日進月歩ですぐ古くなってしまうので，本にする際，マセマティカの紹介など，これに関連した部分はほとんど削除した．

連載を始めてから本の執筆が終るまでに，大学設置基準が見直されて，教養課程および教養部は，大きく変革を迫られることになったのも変化の一つである．当然，専門基礎，一般教養としての数学教育も変化を迫られることになるだろう．微積分，線型代数，情報科学などを相互に関連させて，新時代に即した教養（非専門）数学のカリキュラムを樹立することが求められているのではないだろうか．

連載中及び，本にまとめる間，現代数学社の富田栄編集長に大変お世話になった．改めて感謝いたします．

1991 年 6 月　　　　　　　　　　　　　梶原　穀

復刊によせて

本書の内容は，1992 年に現代数学社から刊行された「微積分学周遊」を，旧版の誤りの修正を中心に改訂したものである．ただし，書名は『初学者のための微分積分学　教養編』と変わっている．

コンピュータ環境と高校の数学関係カリキュラムは大きく変わってしまった．残念ながら，コンピュータ環境は現代に合わない箇所が多く残ってしまった．また，近年，高校では統計学，情報科学の内容が導入され，またこれからは大学教育にデータサイエンスが入ってくるが，それにも対応できていない．

私事にわたるが,「微積分学周遊」が出版された直後に所属していた岡山大学教養部は廃止となり，新設の環境理工学部に移籍した．それ以降，応用数学分野に身を置くことになり，大学初年次の数学にほとんど関与しなくなったのは，心残りである．

なお，偶然ではあるが，少し前，学部設置から約 30 年後である私自身の定年退職の年に，同時に環境理工学部も工学部と合併して無くなってしまった．岡山大学の初年次微積分は，今は工学部の専門教育科目として実施されているが，工学部の数学教育を数学者が企画する環境になくなったのも残念なことである．

「微分積分学周遊」が出版されたのは，大学設置基準が改訂されて教養課程が無くなろうとしているころであった．その序文の中に,「専門基礎，一般教育としての数学教育も変化を迫られるであろう」と書いていた．30 年たった現状を考えると，各大学で努力が払われているとはいえ，大学初年級の数学教育について，十分に方向性が確立されたとは言い難いようである．

数学に限らず，いささか混沌とした時代であるが，多くの方々の努力により，微積分を含む初年次の数学教育は，今後，より良い方向に進んでいくものと信じる．

本書の改訂にあたり，多くの誤りを指摘していただいた名古屋大学山上滋名誉教授，また，新装版の作成および実際に多数の誤りを直して頂いた富田淳社長を始めとする現代数学社の方々に心から感謝します．

2023 年 5 月　　　　　　　　　　　　　　梶原　毅

目　次

第 1 章　複素数と微積分

複素数までひろげて考えることで，初めて微積分は見通し良くなる．複素関数論とまではいかないが，通常の微積分の教程では扱わない，オイラーの公式，積分定理による計算などのさわりぐらいに触れる．こういうことを知っていると楽になる計算も，ずいぶんあるものだ．

最初に，高校数学，教養の微積分などを通じてあまりふれられることのない，複素数とその教養の微分積分学の関連について，まとめて解説することを試みたい．

1　ガウス平面と極形式

複素数はかつては高校数学の花形とは言わないまでも，かなりポピュラーなテーマの一つであったが，2行2列の行列の導入と引換えに，いつのまにか姿を消してしまった．無味乾燥な行列論と比べて，複素数の方が圧倒的に内容豊かでイメージもつかみやすいと思うのだが．そのおかげで，ガウス平面も，極形式も，ドモアブルの公式も知らない（場合によっては2次方程式も解けない？）学生諸君が，教養部に溢れることになった．もちろん彼等の責任ではないので私たちが面倒をみなければならないのである．

複素数を知らない学生達

複素数とは，実数a，bを用いて，$a+bi$ の形に表される数である．ここで，$i^2=-1$ である．これは本来，実数解を持たない2次方程式を無理やり解くために導入されたものである．ところが，複素数まで数の範囲を広げると，全ての代数方程式が解をもつことになる．これを代数学の基本定理と呼び，この事実を複素数が代数的閉体であるという．
高校の教科書にも事実としては載っているが，重要性は大学の数学，物理学，工学において初めて明らかになる．

ただ，そのように言っただけでは，いかにも複素数についての具体

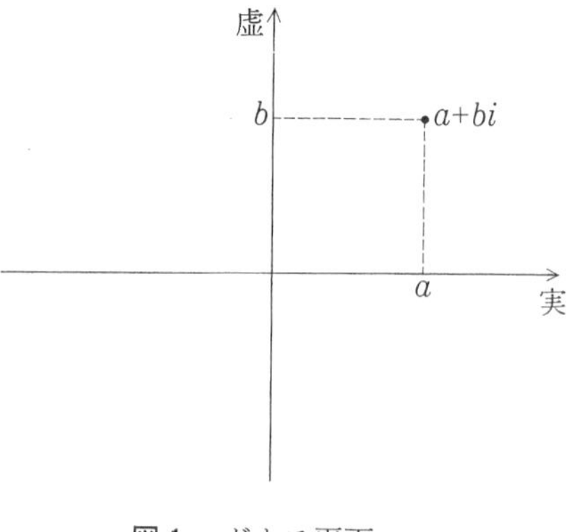

図1　ガウス平面

的なイメージはわいて来ないであろう．複素数を現実のものとして認識するためには，ガウス平面と呼ばれる幾何学的表示が必要である．別に複雑なものでもなく，単に $a+bi$ を座標平面上の点 $(a,\ b)$ に対応させるというだけのことである．これによって，複素数の集合を2次元のベクトル空間とみなすことができる．もちろん複素数の加減法は，ベクトルの加減法に対応する．

複素数はベクトルである

さて，ガウス平面のえらいところは，さらに乗除法を考えることによって，明らかになる．平面上の一次変換に2次の行列が対応していることは（複素数を犠牲に導入されたことであり）よく御存知と思う．c，d を実数として，複素数 $a+bi$ に

$$(c+di)(a+bi)=ca-db+(cb+da)i$$

を対応させる写像を考えると，これは平面上の一次変換であり，行列

複素数は行列表現もできる

$$\begin{pmatrix} c & -d \\ d & c \end{pmatrix}$$

によって表現することができる．

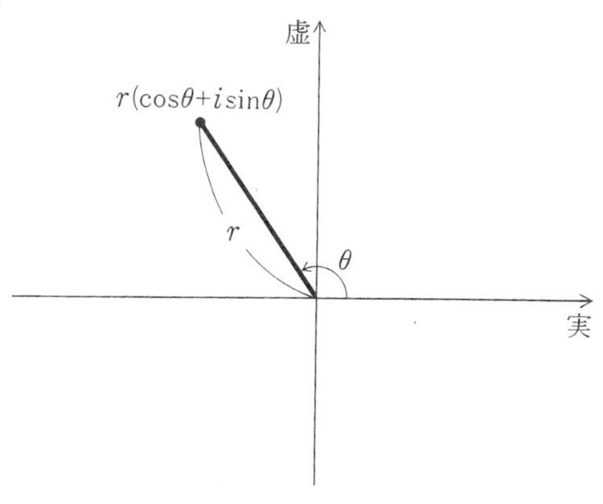

図2　極形式

これをみると，

$$r=\sqrt{c^2+d^2},\ \cos\theta=c/r,\ \sin\theta=d/r$$

によって r, θ を定める時, r 倍の相似変換と, 角度 θ の回転を合成した回転相似行列になっていることがわかる. すなわち,

極形式の行列表示

$$\begin{pmatrix} c & -d \\ d & c \end{pmatrix}=r\begin{pmatrix} \cos\theta & -\sin\theta \\ \sin\theta & \cos\theta \end{pmatrix}$$

となっている. これを複素数の形で書くと, $c+di=r(\cos\theta+i\sin\theta)$ となる. これが複素数の極形式表示と呼ばれるもので, r は複素数の絶対値, θ は偏角と呼ばれる. このように複素数をガウス平面上で行列表現することによって積の幾何学的意味は非常によくわかることになる.

平面幾何の代数化

逆に, 通常の平面をガウス平面と考えることによって, 多くの平面幾何の問題が複素数の代数計算の問題に帰着される. 例えば, 正 N 角形の作図可能性, 円に関するトレミーの定理, パスカルの定理など. かつてはこれらも高校の花形数学であったが, ここでは微積分に直接関係ないので省略しよう. (残念！)

さて, 角度 θ_1, θ_2 の回転を合成すると角度 $\theta_1+\theta_2$ の回転になることが図形的考察によってわかる. これをやはり複素数の形で表したものが

ドモアブルの公式

$$(\cos\theta_1+i\sin\theta_1)(\cos\theta_2+i\sin\theta_2)$$
$$=\cos(\theta_1+\theta_2)+i\sin(\theta_1+\theta_2)$$

となる. これがドモアブルの公式と呼ばれるものであり, 展開して実部と虚部を比べてみると, cos, sin の加法定理になっている. つまり, 三角関数の加法定理はばらばらにみるとわかりやすいものではないが, sin, cos を一つにまとめると非常にすっきりしたものになる. ここで, ドモアブルの公式を用いた問題を幾つか挙げておこう.

例題 1　方程式 $z^n=1$ を解け.

解説　$z=r(\cos x+i\sin x)$ とおく．$z^n=r^n(\cos nx+i\sin nx)$ であるから，$r^n=1$，$nx=2k\pi$ となって，$r=1$，$x=(2k\pi/n)$ $(k=0, \cdots, n-1)$ である．すなわち，n 個の解は半径 1 の円周を n 等分する点に対応している．

ただし，この表示では解が本当はどのような数であるかはわからない．例えば平方根だけをもちいて表わせることと，正 n 角形が定規とコンパスで作図できることとは，同値な命題であり，正17角形は作図可能なのだが，証明は別の方法による．　作図問題　終り

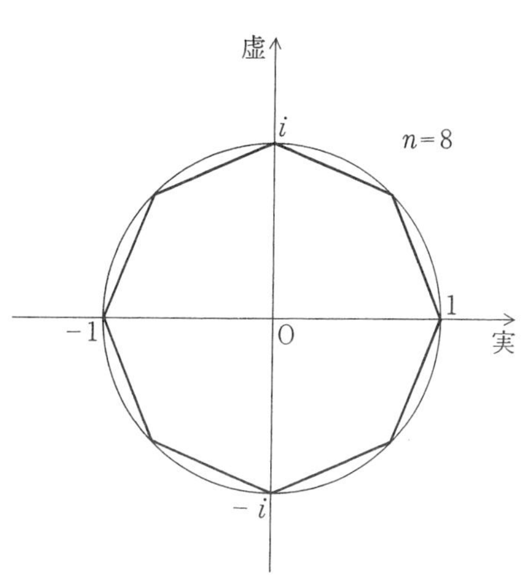

図 3　単位円を n 等分

問 1.1　$z^5=1$ を，複素数をドモアブルの公式によって解く方法と，因数分解による方法のふたとおりで解き，$\cos\dfrac{2\pi}{5}$ を求めよ．

例題 2　$\cos(n\theta)$ を $\cos\theta$ の多項式で表わす方法を考えよ．

解説　ドモアブルの公式により，

$$(\cos\theta+i\sin\theta)^n=\cos n\theta+i\sin n\theta$$

であるから左辺を 2 項定理によって展開して実部をとると，

$$\cos n\theta = \cos^n\theta - {}_nC_{n-2}\cos^{n-2}\theta\sin^2\theta + {}_nC_{n-4}\cos^{n-4}\theta\sin^4\theta + \cdots$$

となる．これは $\cos\theta$ と $\sin^2\theta$ の整式であるから，後者を $\cos\theta$ で書換えればよい．これを $\cos\theta$ の整式と見たとき，チェビシェフの多項式という．　終り

チェビシェフの多項式

問 1.2　$\sin n\theta$ を $\sin\theta$ と，$\cos\theta$ の多項式の積で表す方法を考えよ．

例題 3

見慣れぬ級数

(1)　$\sin x + \sin(2x) + \cdots + \sin(nx)$ を求めよ．

(2)　$1 + {}_nC_1\cos x + {}_nC_2\cos(2x) + \cdots + \cos(nx)$ を簡単にせよ．

解説　このままでは，高校ででてくるよく知られた数列になっていないので答えを推察することは易しくない．そこで，ドモアブルの公式を使い，対応する cos の問題を組にして考えよう．とりあえず，$f(x) = \cos x + i\sin x$ とおく．(e^{ix} のこと）$f(kx) = f(x)^k$ より，等比数列の和の公式が使える．

実体は等比級数

$$(1 + \cos x + \cos(2x) + \cdots + \cos(nx)) + i(\sin x + \cdots + \sin(nx))$$

$$= 1 + f(x) + f(2x) + \cdots + f(nx)$$

$$= \frac{1 - f((n+1)x)}{1 - f(x)}$$

$$= \frac{1 - \cos(n+1)x - i\sin(n+1)x}{1 - \cos x - i\sin x}$$

$$= \frac{(1 - \cos(n+1)x - i\sin(n+1)x)(1 - \cos x + i\sin x)}{2 - 2\cos x}$$

右辺の式の虚数部分を計算すると

計算がやっかい

$$\frac{-\sin(n+1)x + \cos x\sin(n+1)x + \sin x - \sin x\cos(n+1)x}{2 - 2\cos x}$$

$$= \frac{2\sin\frac{(n+1)x}{2}\cos\frac{(n+1)x}{2} - 2\sin\frac{(n+1)x}{2}\cos\frac{(n-1)x}{2}}{4\sin^2\frac{x}{2}}$$

$$=\frac{\sin\frac{(n+1)x}{2}\cdot\sin\frac{nx}{2}x}{\sin\frac{x}{2}}$$

となる．ここで三角関数の和積公式を繰返し用いた．

(2)については $(1+(\cos x+i\sin x))^n$ を2項定理で展開して実数部分を並べたものが，題意の式である．一方，ドモアブルの公式による変形は次の通り．

複素数のマジック

$$(1+(\cos x+i\sin x))^n=\left(2\cos^2\frac{x}{2}+2i\sin\frac{x}{2}\cos\frac{x}{2}\right)^n$$
$$=2^n\cos^{2n}\frac{x}{2}\left(\cos\frac{nx}{2}+i\sin\frac{nx}{2}\right)$$

であるから，実数部分を比べて，題意の式は，

$2^n\cos^{2n}\frac{x}{2}\cos\frac{nx}{2}$ であることがわかる．　終り

問 1.3　次の式を簡単にせよ．

$$1+\cos x+\cos(2x)+\cdots+\cos(nx)$$

2　複素指数関数とその応用

ここで（通常の）指数関数について思い出してみよう．a を1でない正の数として，$f(x)=a^x$ とおく．指数法則は，$f(x+y)=f(x)f(y)$ と表現することができる．ところが，f に適当な（連続性など）条件をつけると，このような性質をもつ正値実数値関数は，ある正の実数 a があって，$f(x)=a^x$ とかけることが証明される．すなわち，数学的に難しく言えば，このような関数等式が指数関数を特徴づけているのである．ここで，ドモアブルの公式を思いだしてみよう．同じように $f(\theta)=\cos\theta+i\sin\theta$ とおくと，$f(\theta_1+\theta_2)=f(\theta_1)f(\theta_2)$ と表わすことができる．これも指数法則とみなすことができよう．ただしこの場合，f の値は実数ではなく，絶対値1の複素数である．

指数関数の意味の変化

そもそも指数とはかけ算を能率よく表現する方法であ

ったが，その起源を忘れることにして加法を乗法に変換する対応をもって指数関数と呼ぶことにすると，$\cos\theta+i\sin\theta$ も立派な指数関数であるということができる．さて，天下りに，$e^{i\theta}=\cos\theta+i\sin\theta$ とおくことにしよう．これは，初めてこの式を定義（発見？）した人の名前に因んで，オイラーの公式と呼ばれる．余談であるが，θ として π とすると，$e^{i\pi}=-1$ となって，数学で最も基本的な数といわれる e，i，π，1 が，ひとつの式の中に美しく表われている．

オイラーの公式

このように e の純虚数乗を定義したわけであるが，なんとかこの定義が矛盾を含まないこと，妥当であること等を検証する手段はないのであろうか．

そのために，複素数値の関数 $F(x)=f(x)+ig(x)$（f，g は実数値の関数）に対しても，$F(x)$ の微分を $F'(x)=f'(x)+ig'(x)$ によって定義する．（複素数値関数の積分も同様に定義すればよい．）

合理化 1　$F(x)=\cos x+i\sin x$ とおけば，$F'(x)=iF(x)$ となる．$f(x)=e^{bx}$（b は実数）とすれば $f'(x)=bf(x)$ であることを思いだそう．逆に，$f'(x)=bf(x)$ を $f(0)=1$ の初期条件で解くと，$f(x)=e^{bx}$ となる．このように，微分方程式によって指数関数を定義することができるので，虚数乗に対しても，同じ手を使うことができる．

微分方程式による合理化

合理化 2　e^x のマクローリン展開は

$$e^x=\sum_{n=0}^{\infty}\frac{1}{n!}x^n$$

である．この右辺において $x=i\theta$ とすると，

マクローリン展開による合理化

$$\sum_{n=0}^{\infty}(-1)^n\frac{1}{(2n)!}\theta^{2n}+i\sum_{n=1}^{\infty}(-1)^n\frac{1}{(2n-1)!}\theta^{2n-1}$$

となり，これは $\cos\theta+i\sin\theta$ に一致している．

さて，複素数 z に対して，複素指数関数 $\exp z$ を

$$\exp z = \sum_{n=0}^{\infty} \frac{1}{n!} z^n$$

によって定義しよう.右辺は複素数の無限級数であるが,実数の場合と同様に収束を定義することができ,全ての複素数 z に対して絶対収束する.合理化 2 によって z が実数 x のときには指数関数 e^x に一致し,純虚数 $i\theta$ のときには $\cos\theta + i\sin\theta$ に一致する.さらに z_1, z_2 を複素数とするとき,右辺の級数が絶対収束していることから,級数の和の順番は勝手に変えてよいので,

シグマの変形に注意

$$\begin{aligned}\exp(z_1+z_2) &= \sum_{n=0}^{\infty} \frac{1}{n!}(z_1+z_2)^n \\ &= \sum_{n=0}^{\infty} \frac{1}{n!} \sum_{k+l=n} \frac{n!}{k!\,l!}(z_1)^k (z_2)^l \\ &= \sum_{k=0}^{\infty} \frac{1}{k!}(z_1)^k \sum_{l=0}^{\infty} \frac{1}{l!}(z_2)^l \\ &= \exp(z_1)\cdot\exp(z_2)\end{aligned}$$

となることがわかる.これは複素指数関数が確かに指数法則を満たしていることを示す.すなわち,指数関数と三角関数は,ひとつの複素指数関数の一部であることがわかった.このようなことは実数変数の関数のみを考えていては永久にわからないことである.

このように複素指数関数はそれ自身で意味をもつものであるから,逆に三角関数を指数関数で表わすことも考えられる.すなわち,

$$\cos x = \frac{e^{ix}+e^{-ix}}{2} \qquad \sin x = \frac{e^{ix}-e^{-ix}}{2i}$$

となる.これもオイラーの公式とよばれる.これをみれば,$\cos x = \cosh ix$, $\sin x = \dfrac{\sinh ix}{i}$ であり,三角関数と双曲線関数が似ている理由がわかる.

三角関数と双曲線関数

さて,$e^{x+iy} = e^x(\cos y + i\sin y)$ であり,複素指数関数は複素平面のある帯状領域を,複素平面から原点を除いた集合に一対一に写している.すなわち,極座標を考えることは,複素平面に複素指数関数を用いて座標を導入することである.直交座標が和に強く,極座標が積に

極座標の意味

強い事情がこれでわかる．また極座標における原点の特殊性もこれによって納得されるであろう．

次に，複素指数関数の微積分への応用について述べる．大学受験生を悩ますために重宝するのが，$e^{ax}\cos bx$ ($e^{ax}\sin bx$) の型の関数の積分である．

実数にこだわるとややこしい

$$I=\int e^{ax}\cos bx\,dx \qquad J=\int e^{ax}\sin bx\,dx$$

とおいて部分積分を2回繰り返し，さらに I，J の連立方程式に持込んで解くことにされているが，あまりやりたくない計算だし，私たちでもよく間違えるものである．この手の計算は，たとえば複素指数関数を用いれば，非常に簡単に計算することができる．ただし，学校教育の常として，習っていないものを用いると減点される可能性があるので，試験の答案としては用いない方がよいかもしれない．

習っていない解法は危険？

例題 4

(1) $\int e^{ax}\cos(bx)dx$ を計算せよ．

(2) $e^{ax}\cos(bx)$ の n 階導関数を計算せよ．

(3) $\int_0^{2\pi}(\cos x)^{2n}dx$ を計算せよ．

解説 (1) $e^{ax}\cos(bx)+ie^{ax}\sin(bx)=e^{(a+bi)x}$

である．

大胆な計算

$$\begin{aligned}\int e^{(a+bi)x}dx&=\frac{1}{a+bi}e^{(a+bi)x}\\&=\frac{1}{a^2+b^2}e^{ax}(a-bi)(\cos bx+i\sin bx)\\&=\frac{1}{a^2+b^2}e^{ax}((a\cos bx+b\sin bx)\\&\qquad+i(-b\cos bx+a\sin bx))\end{aligned}$$

この式の実部を取る．

$$\frac{e^{ax}}{a^2+b^2}(a\cos bx+b\sin bx)$$

(2)　同様に $e^{(a+bi)x}$ の微分を考えればよい．

$$(e^{(a+bi)x})^{(n)}=(a+bi)^n e^{(a+bi)x}$$

である．$r=\sqrt{a^2+b^2}$, $\cos\alpha=a/r$, $\sin\alpha=b/r$ によって r, α を定義する．そのとき

$$(a+bi)^n=r^n(\cos n\alpha+i\sin n\alpha)$$

となることより，上の式は

$$r^n e^{ax}(\cos(b+n\alpha)x+i\sin(b+n\alpha)x)$$

となる．実部を取ればよい．

(3)　この型の積分が，実はベータ関数によって計算できることはよく知られているが，ここでは複素関数を使ってみよう．$\cos x=(e^{ix}+e^{-ix})/2$ を被積分関数に代入して展開し，項別に積分すると，定数項以外の積分は 0 になるので，

2 項定理を使う

$$\int_0^{2\pi}\frac{(e^{ix}+e^{-ix})^{2n}}{2^{2n}}dx={}_{2n}C_n 2^{1-2n}\pi$$

問 1.4　(1)　$\cos^n x$ の n 階導関数を計算せよ．
(2)　$\int \sin ax \cosh bx\,dx$ を計算せよ．

3　定係数線型漸化式

係数が全て定数であるような，線型漸化式は複素数を用いて比較的簡単に解くことができる．

$$a_n+p_1a_{n-1}+p_2a_{n-2}+\cdots+p_{k-1}a_{n-k+1}+p_ka_{n-k}=0$$

を考える．これに対して特性方程式と呼ばれる

特性方程式

$$t^k+p_1t^{k-1}+p_2t^{k-2}+\cdots+p_{k-1}t+p_k=0$$

を考えよう．ここではまず，簡単のため，この代数方程式が重解を持たないと仮定して，解を λ_1, …, λ_k と表わす．このとき，C_1, …, C_k を複素数の定数とする．

$a_n=\lambda_i^{n-1}$ によって数列を定めると，λ_i が特性方程式の解であることから，上の漸化式を満たしている．さらに，この漸化式は線型だから，次の形の数列はやはり上の漸化式を満たす．

線型結合

$$a_n=C_1\lambda_1^{n-1}+C_2\lambda_2^{n-1}+\cdots+C_k\lambda_k^{n-1}$$

これが全ての解を尽くすことを見る．$a_0, a_1, \cdots, a_{n-1}$ を与えてやればそこから後の a_n は漸化式によって確定してしまう．だから，上のパラメータを含んだ解が全ての初期値を達成することができれば良い．

それは，

$$a_j=C_1\lambda_1^{j-1}+C_2\lambda_2^{j-1}+\cdots+C_k\lambda_k^{j-1}$$
$$(j=0,\ 1,\ \cdots,\ k-1)$$

となり，これは，C_1，C_2，$\cdots$，C_k に関する線型連立方程式である．以下は線型代数の話になるが，この連立方程式の係数行列は正方行列で，その行列式は，いわゆるファンデルモンドの行列式で，λ_i たちが全て異なることから 0 にはならない．従って，C_1，C_2，$\cdots$，C_k は一意的に決ることになる．

線型連立方程式の理論も必要

λ_i が実数であればそのままこれらを解として良い．複素数でも C_i 達が複素数を動くと，複素数の範囲で全ての解を与えてくれる．特に，係数も初期値も全て実数で，実数を成分に持つ解が欲しいときは次のようにする．λ_j と λ_l が複素共役であるとする．C_j と C_l も複素共役であるように選んでおけば，

$$C_j\lambda_j^{n-1}+C_l\lambda_l^{n-1}$$

は実数になる．逆に，実数を成分に持つ解はこのような項の和になることがわかる．

例題 5

$$a_{n+2}-2a_{n+1}+2a_n=0 \quad a_0,\ a_1 \text{ は実数}$$

を解け．

解 説　特性多項式は $t^2-2t+2=0$ であるから，解は $\lambda_1=1+i$，$\lambda_2=1-i$ となる．今は実数を成分に持つような数列が欲しいのだから，A，B を実数の定数として，

$$a_n=(A+iB)(1+i)^{n-1}+(A-Bi)(1-i)^{n-1}$$

と表すことができる．このままで終っても良いが，もっときれいにしてみよう．$1\pm i=\sqrt{2}(\cos\pi/4\pm i\sin\pi/4)$ を代入してドモアブルの定理を使うと，

$$\begin{aligned}a_n&=2^{n/2}(A+iB)(\cos n\pi/2+i\sin n\pi/2)\\&\qquad+2^{n/2}(A-iB)(\cos n\pi/2-i\sin n\pi/2)\\&=2^{n/2+1}(A\cos n\pi/2-B\sin n\pi/2)\end{aligned}$$

である．A，B を初期値 a_0，a_1 で決めてやれば良い．

問 1.5　次の線型漸化式を解け．

実数の形で表す

$$a_{n+3}-2a_{n+2}+a_{n+1}-2a_n=0 \quad a_0=0,\ a_1=1,\ a_2=-1$$

ますます線型代数が必要

固有方程式が重解を持ってしまう場合については，しっかりやるには，線型代数のジョルダンの標準型が必要である．例えば，

$$a_{n+2}-4a_{n+1}+4a_n=0$$

ならば，$a_n=2^{n-1}$ 以外に，$a_n=n2^{n-1}$ が解になっていることがわかる．少し複雑にはなるが，やはり同じように k 個の1次独立な解を見つけることができる．

複素数を用いることによって問題が極めて単純化されるのは，代数方程式が必ず解を持ち，固有方程式が単根のみを持つ行列が対角化できるからである．これは複素数が〝代数的閉体〞であるためのメリットである．

複素数のメリット

定係数線型微分方程式についても，ほぼ同じ話が存在する．その際は，$y(x)=e^{\lambda_i x}$ が基本的な解になっている．λ_i が虚数になった場合については，オイラーの公式によって，解釈すれば良い．この話は，教養の微分方程式の章で触れることになるだろう．

4　積分定理による広義積分の計算

実数関数の広義積分の中に，不思議なことに実数だけで考えていると全くわからないが，被積分関数を複素数まで拡張して考えることによって，容易に計算できるものがある．少し高度であるが，この章では線積分については既知としよう．

複素変数の関数 $f(z)$ の微分は実数関数の場合と全く同じ形式で，（内容は大変に異なる）定義される．また，複素平面の，点 z_1 から z_2 までの曲線 C にそった複素変数関数 $f(z)$ の線積分を考えて，$\int_C f(z)dz$ と表すことにする．このとき次の定理は複素関数論の基礎をなすもので，極めて重要である．

線積分

コーシーの積分定理

定理　C が（十分よい）閉曲線で，それで囲まれる領域の中で $f(z)$ が微分可能であるとき，$\int_C f(z)dz=0$ となる．

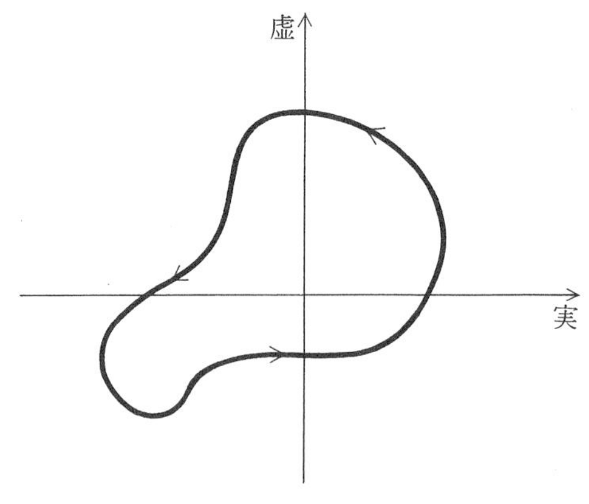

図4　積分定理

積分路をうまく取ることによって，この定理を実関数の定積分の計算に応用することができる．この方法のありがたみを説明するために，不定積分を計算できないものを例にあげよう．

例 題 6

絶対収束しない広義積分

(1) $\displaystyle\int_0^{\infty}\frac{\sin x}{x}dx=\frac{\pi}{2}$ であることを示せ.

(2) $\displaystyle\int_0^{\infty}\cos x^2 dx=\int_0^{\infty}\sin x^2 dx=\frac{\sqrt{x}}{2\sqrt{2}}$ となることを示せ.

解 説 (1) $\sin x=\dfrac{e^{ix}-e^{-ix}}{2i}$ であるから, $\exp(iz)/z$ を考えることにする. この関数は特異点 $z=0$ を除いては微分可能である. そこで正の数 r, R に対応して次図の様に積分路を取り, 全体の閉曲線を $C(R,\ r)$, 大きい半円を左周りに $C(R)$, 小さい半円を右周りに $c(r)$ とする.

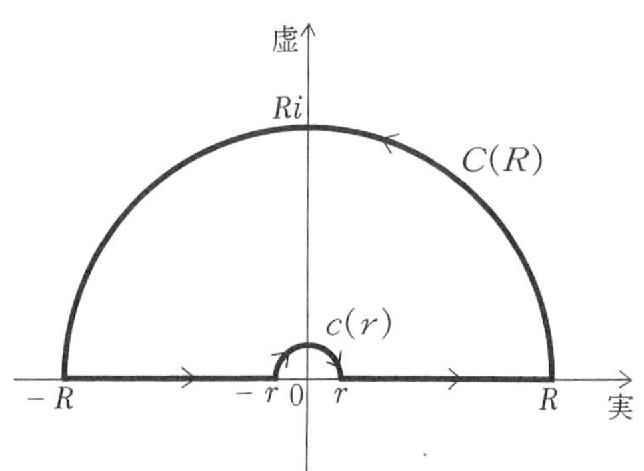

図 5　積分路のえらび方

そのとき積分定理によって

$$\int_{C(R,r)}\frac{\exp(iz)}{z}dz=\int_{C(R)}+\int_{c(r)}+\int_r^R+\int_{-R}^{-r}=0$$

となる. ここで $R\to\infty$, $r\to 0$ の極限を考えなければならない. 2番目の積分では, r が0に近いとき, $\exp(iz)$ は, 1に近くなるので極限値としては, $\displaystyle\int_{c(r)}(1/z)dz$ を計算すればよい. $z=re^{\pi it}$ とすればこの積分は, $\displaystyle\int_0^1\pi idt=\pi i$ となる. 以下に示すように $\displaystyle\int_{C(R)}\exp(iz)dz$

この部分を正確にかいてみよう

$\to 0$ となるので，求める積分は，$\pi/2$ となることがわかる．この評価のため $z=Re^{\pi it}$ とおく．

$$\int_{C(R)}=i\int_0^{\pi}e^{-R\sin t+iR\cos t}dt$$

より

$\sin t \geq \frac{2}{\pi}t$ も使う

$$\left|\int_{C(R)}\right| \leq 2\int_0^{\pi/2}e^{-R\sin t}dt$$
$$\leq 2\int_0^{\pi/2}e^{-2Rt/\pi}dt$$
$$=\pi/R(1-e^{-R}) \to 0$$

(2)　$\exp(-z^2)$ を原点を中心とし，半径Rでx軸の正の方向を一辺とし，正の向きに角度 $\pi/4$ の扇形上を左向きに積分すると，やはり 0 になる．

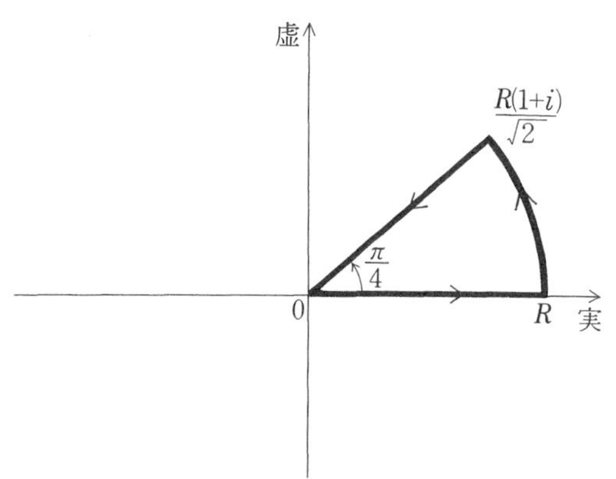

図 6　積分路のえらび方

簡単に計算をする．

$$0=\int_0^R e^{-x^2}dx+\int_0^{\pi/4}e^{-R^2e^{2i\theta}}Re^{e^{i\theta}}id\theta+\int_0^R e^{-ir^2}\frac{1+i}{\sqrt{2}}dr$$

となる．最初の積分は，よくでる広義積分になり，値は $\frac{\sqrt{\pi}}{2}$ に収束する．この積分については，あとの章で紹介する．2番目は，(1)と同様に，$R\to\infty$ で 0 に収束する．

やってみよう

$R\to\infty$ とした等式は次のとおり．

$$0=\frac{\sqrt{\pi}}{2}+\int_0^\infty(\cos r^2-i\sin r^2)\frac{1+i}{\sqrt{2}}dr$$

$$\int_0^\infty\cos r^2dr-i\int_0^\infty\sin r^2dr=\frac{1-i}{\sqrt{2}}\frac{\sqrt{\pi}}{2}$$

実部，虚部を見ることによって結論が従う.　　　終り

領域中の全ての点で微分可能な関数の代りに，分母を0にする点があるような関数を考えるとさらに多様な関数の定積分を求めることができる．ただしそのためには留数および留数定理について説明しなければならないので，詳しいことは省略する.

留数定理

問 1.6　次の積分を，コーシーの積分定理を使って計算せよ．ただし，$\int_{-\infty}^{\infty}e^{-x^2}dx=\sqrt{\pi}$ を使って良い.

フーリエ交換の積分

$$\int_{-\infty}^{\infty}e^{-x^2}\cos 2bx\,dx$$

例題 7　$F(x,y)$ を2変数の有理関数とする．そのとき

$$\int_0^{2\pi}F(\cos\theta,\sin\theta)d\theta$$

を求めよ.

解説　$\cos\theta=(e^{i\theta}+e^{-i\theta})/2$，$\sin\theta=(e^{i\theta}-e^{-i\theta})/2i$ であるから求める積分は

$$\int_C F\left(\frac{z+z^{-1}}{2},\ \frac{z-z^{-1}}{2}\right)\frac{dz}{iz}$$

とかくことができる．ただしCは単位円周を左周りに見たものとし，被積分関数はC上では特異点を持たないものとする．このときは留数定理により，Cの内部の留数を計算するだけでこの積分の値を求めることができる．留数の計算は積分と無関係に代数的に求めることができる.

あまりやらない方法

教養数学で複素数について本格的に立入ることはできないが，しばしば実数関数が複素数まで考えることによって初めて美しく統率される（解析概論のテーマである）ことは記憶に止めておいて損はないだろうと思う.

第 2 章　数列と級数

数列と級数は，微積分の思想的な原点である．深く立ち入ればいくらでもおもしろい話が転がっている．一般項がわからない級数の極限など，理論と計算のはざまの部分を考えてみよう．実数の連続性や，平均値の定理を駆使することになる．

非線形漸化式によって決まる数列となると，カオスフラクタルなど，もう数学の最先端分野である．

前章は，教養数学全体の中に占める複素数の役割について解説したが，今回は最初の部分に戻って，数列と級数に関することをまとめてみよう．

数列を扱うことと級数を扱うことは，

$$S_n=\sum_{k=1}^{n}a_k \qquad a_n=S_n-S_{n-1}$$

の対応を考えることによって相互に移りあうことができる．ただし，問題によって数列または級数のどちらかで考えることが自然であり，数列だけとか級数だけを考えればそれで用が足りるという訳ではない．特に級数の部分和の一般形が計算できないときなど，級数のままで考えることが自然である．逆に，収束の理論的な議論に，数列を級数に置き換えて考えることがある．

数列と級数は同等な概念

さて，高校数学と大学数学における数列級数の扱いの最も異なる点は，前者においては扱いが等号を主体とした代数的なものであるのに対して，後者では不等号を本質的に用いた（これが解析的な手法である）やり方が加わることである．特に，収束という概念は，数学的には無限個の不等号によって，記述されている．数学科以外の学生諸君にとって，複雑かつ微妙な収束の議論は殆ど不要であると思うだろうが，不等号を用いた考え方に慣れることは，将来数学の応用に直面した際に役に立つのではないだろうかと思う．

不等式の数学

教養で教えられる数学は抽象的で，とても実用的ではないようだが，数値計算における誤差の評価とか，自然現象のモデル化の精度などにおいて，〝数学〟の基本的な考え方が生きてくるはずである．

1　極限の概念について

大学に入学して数学（特に微積分）の授業が始まると，真っ先に最も難しい概念にぶつからなければならないのは確かに災難である．それがいわゆる ε-δ 論法と呼ばれるものである．非常にわかりにくい定義が出てきて戸

ε-δ 論法

惑うものだが，単調有界数列は収束するとか，挟みうちの原理などの基本的な定理が証明されてしまうと，実際の問題に対応するときには，大体これらの定理を使えばよいので，どうしてわざわざ難しいいいかたをしなければならないのか，疑問に思うのが普通である．

実は ε-δ 論法は，ただ一つの数列の単なる収束を考える場合にはそれほど意味がないのである．その場合には，収束する数列はどの道いつかは収束するのだから，じっと待っていればよいのであり，収束の速度などを詮索する必要はないであろう．ところが2変数の数列（2重数列），関数列，数列は一つでも2つの極限操作を同時に扱う場合などでは，一つの問題の中に，無限個の極限操作があることになり，それらの収束の速度は幾らでも早く，また遅くなりえることになり，収束の速度の定量的な評価がどうしても必要になるのである．

ε-δ 論法は複数個の極限操作で必要

例え話として，無限人の参加するマラソンを行なったとしてみよう．タイムの足切りをしていないとすると，各ランナーはいつかはゴールインするとしてもゴール係の人はいつまでも帰ることができないことになりかねない．実は，このタイムの足切りが，〝一様性〟と呼ばれる概念に対応している．

無限人マラソンレース

図7　マラソンランナーたち

例題をあげてこの間の事情を説明してみよう．

例題 1　$\lim_{n\to\infty} a_n = A$ とするとき，
$b_n=(a_1+a_2+\cdots+a_n)/n$ は同じ値Aに収束する．

解説　お馴染みのチェザロ極限である．これは，数列は一つだが極限操作が2回行なわれる例である．すなわち，nが増えるにつれて，各a_nがAに近付くとともに，平均を取る個数がどんどん増えていくのである．この二つの極限操作を同時に行なうことは，ニュートンをもってしてもできないので，一つの極限を取るときには，もう一つの極限は止めておかなければならない．そこで，十分大きいNで，$n>N$となるnに対しては，$|a_n-A|<\varepsilon$となるようなものを取り，それを固定してしまう．そうしておいて，平均を取る個数を増やしていくと，$n>N$の部分においては，$|a_n-A|<\varepsilon$が満たされている．$|b_n-A|$を二つに分けて押さえることにする．

Nは大きいが固定されている

$$|b_n-A|\leq\frac{|a_1-A|+\cdots+|a_N-A|}{n}+\frac{|a_{N+1}-A|+\cdots+|a_n-A|}{n}$$

の右辺で，前の項はN個の和だから，nを増やすといくらでも小さくなり，後ろの項はεより小さくなる．εは任意だから0に収束することになる．ここの議論はいつもわかりにくいものだが，要するにもう一つの極限を取っているのである．　終り

ε-δ論法以外の言い方は難しい

問 2.1　$a_n\to\alpha$，$b_n\to\beta$ のとき，

例題1と同様

$$\frac{a_1b_n+a_2b_{n-1}+\cdots+a_nb_1}{n}\to\alpha\beta$$

となることを示せ．

例題 2　$\{f_n\}$ は閉区間$[a, b]$上の連続関数の関数列で，ある関数fにこの区間上で一様収束しているとする．そのときfも連続であることを示せ．

解説　どの教科書にも載っている定理である．関数列

を考えるということは，無限個の数列 $\{f_n(x)\}$ を同時に考えることになり，そのまま率直に考えると，全ての数列が勝手に収束すること，すなわち各点収束になる．ところが連続性の議論をしようとすると，近所の数列の収束の速度も問題にしなければならない．

各点収束の問題点

xが，$c\in[a,\ b]$ に近いとしよう．十分大きい自然数Nを取って固定する．

$$|f(x)-f(c)|\leq|f(x)-f_N(x)|+|f_N(x)-f_N(c)|+|f_N(c)-f(c)|$$

f の連続性を考えるために f_N の連続性を使うことを考える．ここで問題は第1項である．x が c に近付いて行くと，数列 $\{f_n(x)\}$ が変わることを意味するので，これを小さくしようとすれば，そのたびにNを大きくしなければならなくなる．ところが，Nを変えると，関数 f_n も変わるので，こんどは，x を c により近づけなければならなくなる．これが**一様性の堂々巡り**と呼ばれるものである．

一様収束はあつかいやすい

これでは困るので考えられた概念が，一様収束である．これは，数列の族 $\{f_n(x)\}$ の収束の速度に下限があることである．そうすると，x には無関係にNを大きくすることによって，第1項も第3項も小さくなってくれる．そうしておいてxをcに近づけると，第2項が小さくなり，他の項は一様収束性によって大きくならないので，求める結果を得る． 終り

問 2.2 区間 $I=[a,\ b]$ の関数列 $\{f_n\}$ が次の性質を満たしているとする．〝任意の $c\in I$ を固定する．任意の $\varepsilon>0$ に対して $\delta>0$ が存在して，全ての $|x-c|<\delta$, $x\in I$ で $|f_n(x)-f(c)|<\varepsilon$ が全ての n に対して存在する．〟この性質を同等連続性とよぶ．この条件の元で，$\{f_n\}$ がある関数f に各点収束するならば，f も連続になることを示せ．

同等連続性も同様

ε-δ 論法は，このような問題に遭遇して初めて力を発揮するのである．2つの極限が同時に現れるときには，

上の二つの問題の中でも見られるように，片方の極限の挙動がもう一つによって影響されない（一様性とか同等性とか呼ばれる）がポイントであり，これ無くしては解決不可能であることが分かる．

2　収束発散の判定

一般項を求めることのできない数列の収束発散を判定することもまた,大学で新しく現れることの一つである．収束発散を考えるときには数列の形よりも級数の形で扱うことの方が都合が良いので，ここでは主として級数の方を扱うことにする．

ダランベールの判定法

最も基本的な判定法は，コーシー，ダランベールの判定法である．単純ではあるが，整級数の収束半径を求めるときなどには極めて強力である．

例題 3　次の級数の収束半径を求めよ．ただし $[a]_k=a(a+1)(a+2)\cdots(a+k-1)$ とする．

$$\sum_{n=0}^{\infty}\frac{[a]_n[b]_n}{n![c]_n}x^n \qquad (a,\ b,\ c\ \text{は正の実数})$$

超幾何級数

解説　これはガウスの超幾何級数と呼ばれるものである．一般項を a_n として，隣接項の比をとると，

$$\frac{a_{n+1}}{a_n}=\frac{(a+n)(b+n)}{(c+n)n}x$$

となる．$n\to\infty$ とすると極限値は x であるから，収束半径はちょうど1である．　終り

問 2.3　次の無限級数の収束半径を求めよ．

$$\sum_{n=1}^{\infty}\frac{n!}{n^n}x^n$$

この判定法では，上の級数の $|x|=1$ における挙動についでは何もわからない．それはもともと基準にとって

いるのが等比級数で大雑把に過ぎるからである．だから，境界上を調べようとすれば比べる級数を変えて，もっと精密に調べなければならないことがわかるであろう．

もっと精密に

さて，コーシー，ダランベールの判定法の適用できない最も基本的な級数は，$\sum_{n=1}^{\infty}\frac{1}{n^p}$ である．（p は，正の実数）この場合比をとると，$\left(\frac{n}{n+1}\right)^p$ となり，p が何であっても極限値は1になってしまう．しかしながら，$p\leq 1$ のときに発散し $p>1$ のときに収束することがわかっている．これは等比級数よりは精密な判定条件を与えるのではあるまいか．

ガウスの判定法

例題 4　$\sum_{n=1}^{\infty}a_n$ は正項級数とし，次を満たすとする．

$$\frac{a_{n+1}}{a_n}=1-\frac{p}{n}+\frac{A_n}{n^{1+r}} \qquad (r>0,\ |A_n|\leq M)$$

そのとき，$p>1$ のときには収束で，$p\leq 1$ のときには発散する．

解説　これはガウスが，上の超幾何級数の収束を判定するために考案した手法である．発散の方は条件に等号が入っていて少しやっかいであるから，収束の方だけを説明する．ここで，比較の対象として，$b_n=\frac{1}{n^q}$ $(1<q<p)$ を一つとって固定する．

$$\begin{aligned}\frac{b_{n+1}}{b_n}&=\left(1+\frac{1}{n}\right)^{-q}\\ &=1-\frac{q}{n}+\frac{1}{2}(-q)(-q-1)\left(1+\frac{c}{n}\right)^{-q-2}\frac{1}{n^2}\\ &=1-\frac{q}{n}+\frac{B_n}{n^2} \qquad (|B_n|<M)\end{aligned}$$

一般二項定理

となることが，一般二項定理からわかる．従って十分大きいNを取れば，さらにそれよりも大きいnに対しては，$\frac{a_{n+1}}{a_n}<\frac{b_{n+1}}{b_n}$ が成立している．従って，この不等式を

$\dfrac{a_{n+1}}{b_{n+1}}<\dfrac{a_n}{b_n}$ と書き直して繰り返し用いると，$a_n<\left(\dfrac{a_N}{b_N}\right)b_n$ となって，$\sum_{n=1}^{\infty} b_n$ の収束から結論が従う．終り

問 2.4　上の例題の解説の中の，発散の部分を証明せよ．

そこで，この判定法を前の例題の超幾何級数に適用してみよう．$x=1$ とすると，

$$\begin{aligned}\frac{a_{n+1}}{a_n}&=\frac{(a+n)(b+n)}{n(c+n)}\\&=1+\frac{a+b-c}{n}+\frac{ab}{n(n+c)}\end{aligned}$$

となる．従って，$a+b-c<-1$ のときには収束し，$a+b-c\geq-1$ のときには発散する．$x=-1$ および x が複素数になったとき，さらには係数が複素数になったときのためにはガウスの判定法を複素級数の場合にまで拡張しておかなければならない．それは可能であり，同じ様な結論が従うが，議論は格段に難しくなる．実はこの超幾何級数は特殊関数のなかで最も基本をなすものの一つで，それの収束発散は物理学，工学等での応用に極めて重要である．

奥が深い

3　具体的な級数の極限

具体的な級数の極限の計算においても，高校ではでくわさないようにやり方が，しばしば出現する．これも幾つか例題をあげよう．

例題 5　$1-\dfrac{1}{2}+\dfrac{1}{3}-\dfrac{1}{4}+\cdots$ の値を求めよ．

解説　極めて有名な級数の例である．これは，交代級数であり一般項の絶対値は減少して0に収束するから，この級数が収束することは直ちにわかる．この値を求め

条件収束する交代級数の例

る方法は幾つかあり，対数関数のマクローリン展開を用いる方法がよく使われるが，ここでは直接級数を調べて見よう．

発散も速度が問題

$1+\frac{1}{2}+\frac{1}{3}+\cdots$ は，一般項は0にいくが発散する数列の有名な例である．しかし発散するとしておしまいにするのではなく，どの位の速さで発散するのかを調べるのが，大学の数学である．この級数の部分和をわかりやすい式で表わすことはできないので困るのだが，よく似た形の積分を考えるとうまくいく．$y=\log x$ を上と下から棒グラフで近似することにより，

誤差が一列にならぶ

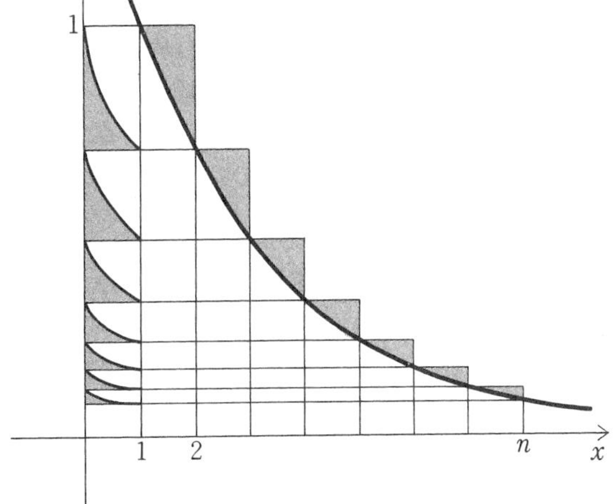

図 8　階段関数

$$\frac{1}{2}+\cdots+\frac{1}{n}<\int_1^n \frac{1}{x}dx<1+\frac{1}{2}+\cdots+\frac{1}{n-1}$$

がわかり，これを逆に級数の評価の不等式に書換えると，

$$\log n+\frac{1}{n}<1+\frac{1}{2}+\frac{1}{3}+\cdots+\frac{1}{n}<\log(n+1)$$

となり，この級数は $\log n$ とほぼ同じ速度で無限大に発散していくことがわかり，それだけでも一つの収穫である．そこで，

$$c_n=1+\frac{1}{2}+\frac{1}{3}+\cdots+\frac{1}{n}-\log n$$

とおいてみよう．これはもちろん正の値であり，$k\leq x\leq k+1$ の区間における $y=\log x$ と $y=1/k$ の積分値の誤差を足し合わせたものである．図にあるように，この新しい数列は単調に増加していくが，決して1を越えることはない．これは，左側に寄せ集めることによって，わかる．その結果単調有界数列になるので，ある値 c に収束する．なお，この議論はニュートンが最初に考えたそうである．これはオイラー数と呼ばれる．

c の正体は不明

以上のことを用いて元の級数の和を求めることができる．$\log n$，$\log 2n$ 等を級数で近似してみよう．

$$\log n=1+\frac{1}{2}+\frac{1}{3}+\cdots+\frac{1}{n}-c_n \qquad (1)$$

$$\log(2n)=1+\frac{1}{2}+\frac{1}{3}+\cdots+\frac{1}{2n}-c_{2n} \qquad (2)$$

有限和だから自由に計算できる

(1)の右辺を $2\left\{\frac{1}{2}+\frac{1}{4}+\cdots+\frac{1}{2n}\right\}-c_n$ とみて，(2)から(1)をひいてみると

$$\log 2=1-\frac{1}{2}+\frac{1}{3}-\cdots-\frac{1}{2n}-c_{2n}-c_n$$

となる．ここで n を大きくしていくと，c_{2n} と c_n が，同じ極限値をもつことより，求める極限値が $\log 2$ であることがわかる．

このようなやり方を少し変えると別の観察が得られる．

$$\log(4n+1)=1+\frac{1}{2}+\frac{1}{3}+\cdots+\frac{1}{4n+1}-c_{4n+1} \qquad (3)$$

$$\log(2n)=1+\frac{1}{2}+\frac{1}{3}+\cdots+\frac{1}{2n}-c_{2n} \qquad (4)$$

やさしいのでまちがわないように

である．そこで，(3)$-\left(\frac{1}{2}\right)(2)-\left(\frac{1}{2}\right)$(1) とすると，

$$\log(4n+1)-\frac{1}{2}\log(2n)-\frac{1}{2}\log n$$
$$=1+\frac{1}{3}-\frac{1}{2}+\frac{1}{5}+\frac{1}{7}-\frac{1}{4}+\cdots$$
$$+\frac{1}{4n-1}+\frac{1}{4n+1}-\frac{1}{2n}-c_{4n+1}+\frac{1}{2}c_{2n}+\frac{1}{2}c_n$$

となる．左辺は，

$$\frac{3}{2}\log 2+\log\left(\frac{n+\frac{1}{4}}{n}\right)$$

と変形する．ここでnを大きくしていくと，

$$1+\frac{1}{3}-\frac{1}{2}+\frac{1}{5}+\frac{1}{7}-\frac{1}{4}+\cdots=\frac{3}{2}\log 2$$

順番を変えると値も変わる

となることがわかる．この級数は実は元の級数の順番を変えたものに他ならない．順番を変えると値が変動してしまうのは条件収束の特性であるが，このようにして検証することができる．

ここでやっていることは，実は正の項と負の項との発散の仕方を別々に厳密に評価することであり，発散する級数の，発散の速度の比較が極めて重要であることがわかる．　終り

一般化

問 2.5　p q を自然数とする．上の交代級数の，正の項をまず q 個，負の項を p 個ずつ取って級数を作ると和はどうなるであろうか．

例題 6　数列 $\{a_n\}$ を漸化式 $a_{n+1}=\sqrt{a_n+2}$，$a_1=1$ によって定めるとき，a_n の極限値を求めよ．

解説　この漸化式は線型ではなく，また適当な置き換えによって線型漸化式に帰着することもできないので，一般項を簡単な式で表わすことは，困難である．

右から出発しても同じ

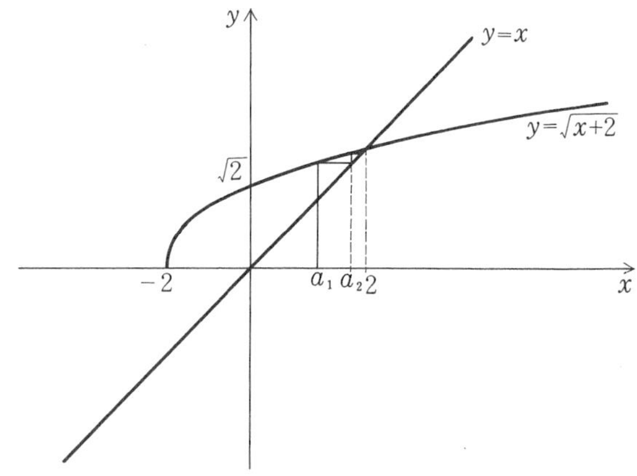

図 9　収束のようす

しかしながら，グラフを書いて観察すると，$y=x$ と $y=\sqrt{x+2}$ の交点に収束していくのではないかと，容易に観察される．確かにこの二つのグラフの交点は一つしかなく，もし数列が収束するならばそこに収束しなければならないことは明らかである．

単調有界数列は収束する（実数の連続性）

数列の収束を保障する最も基本的な十分条件は，単調有界性であった．$a_{n+1}=\sqrt{a_n+2}$ から $a_n=\sqrt{a_{n-1}+2}$ を引くと，

$$a_{n+1}-a_n=\sqrt{a_n}-\sqrt{a_{n-1}}=\frac{a_n-a_{n-1}}{\sqrt{a_n}+\sqrt{a_{n-1}}}$$

である．$a_2=\sqrt{3}$で，$a_1<a_2$ であるから，数学的帰納法によって，この数列は単調に増加している．次に，この数列が $a_n<4$ を満たしていることを示そう．$n=1$ のときは初期条件によってただしい．$a_n<4$ とすると，$a_{n+1}<\sqrt{4+2}=4$ となって，これも満たされている．

$\{a_n\}$ は単調に増加して，上に有界であるから，収束しなければならない．極限値を α とする．漸化式において極限を取ると，

$$\alpha=\sqrt{\alpha+2}$$

これを解いて，$\alpha=2$ を得る．

ここで行なった議論は，まず収束することを示して，それから値を求めるやり方である．このような考え方は，大学の数学においてしばしば現れる．

あとで出てくる

もう一つの有力な考え方は，$f(x)=\sqrt{x+2}$ とするときに，ある区間において，$|f(x)-f(y)|<k|x-y|$ $(0<k<1)$ を示すことである．この様な写像は縮小写像と呼ばれ，不動点定理として考察されている．　終り

問 2.6　次の漸化式によって定まる数列 $\{a_n\}$ に対して，$\lim_{n\to\infty}a_n$ を求めよ．

グラフもかいてみよう

$$a_{n+1}=1+\frac{2}{a_n+1},\quad a_1=1$$

次に，実数を有理数で近似する方法として，小数による方法とは別に，連分数と呼ばれるものがある．ある無理数 x を連分数で表わすとは，次のような操作を意味する．まず，x の整数部分 $[x]$ を a_1 とし，$a_1=[x]+b_1$ で $0\leq b_1<1$ を決める．b_1 は 0 ではないので，$\frac{1}{b_1}=a_2+b_2$ ただし a_2 は $\frac{1}{b_1}$ の整数部分とする．これをどんどん繰返す．そうすると，x は

連分数

$$a_1\frac{1}{a_2+\frac{1}{a_3+\frac{1}{\cdots}}}$$

の無限繁分数の形に，形式的に表され，これを x の連分数展開とよぶ．

実際に，途中で切ってしまうと繁分数になり，それが

nを大きくしていくときに元の実数xに収束することが知られている．

例題 7　次の無限連分数の値を求めよ．

$$1+\cfrac{1}{1+\cfrac{1}{1+\cfrac{1}{\cdots}}}$$

解説　n番目でとめた有理数をa_nとおく．そうすると，この連分数は全て同じ自然数によって定義されているから，漸化式 $a_{n+1}=1+\dfrac{1}{a_n}$, $a_1=1$ が成立つことがわかる．実際にはどんな連分数も漸化式を考えることができるが，漸化式の係数が定数でなくnに依存することになるので，極限を具体的に表わすことは難しくなる．

漸化式の問題になる

この漸化式は実は簡単にとけてしまう．sで $x=1+1/x$ の正の解，すなわち $(1+\sqrt{5})/2$ を表わす．$1/b_n=a_n-s$ としてもとの式に代入すると，$b_{n+1}=\dfrac{1}{1-s}(1+sb_n)$ となる．これを解けば一般項が求まるが，これをみると公比が $\dfrac{s}{1-s}$ の等比数列をずらしたものであることがわかり，この数は1より大きいからb_nは無限大に発散し，a_nはsに収束する．

問 2.7　次の式の値を求めよ．式の意味は，漸化式によって解釈せよ．

無限ルート

$$\sqrt{1+\sqrt{1+\sqrt{1+\cdots}}}$$

係数が定数の線型な漸化式は(k, k)行列Aと数列のベクトル $[x_{1n},\ x_{2n},\ \cdots,\ x_{kn}]=X_n$ とによって ${}^tX_{n+1}=A{}^tX_n$ の形に表わされるので，行列の固有値か，あるいはせいぜいジョルダンの標準型などによって，完全に一般項の形がわかり，その結果漸近的な挙動なども精密に解析することができる．この話の線型代数的取り扱いについては，最後の章をみられたい．

それに対して，$f(x)$（x は，実数または場合によっては複素数）が例えば2次式等になると，漸化式 $a_{n+1}=f(a_n)$ の挙動は極めて複雑になる．$f(x)=Kx(1-x)$ $(0<K\leq 4)$ の形の漸化式は昆虫などの増殖の記述に関連しており，$[0,1]$ で考えるとき，K の値によって漸近挙動が全く異なったものになることが知られており，カオスと呼ばれる数学的現象をひきおこす．また，$f_t(z)=z^2+t$ で，初期値を0にしたときに数列が無限に発散しないような複素数 t の集合がマンデルブロ集合と呼ばれるもので，最近流行のフラクタル図形を与えている．これらは，コンピューター実験と関連しており，コンピューターと数学というテーマの本などでよく触れられている．

カオスとフラクタル

このようにしてみると，数列の極限を考えることは，微分積分学の基本であるとともに，また非常に奥の深いものであると思う．

第 3 章　新しい微分のこころ

微分の代数的な計算だけで終わらず，関数の線形近似として微分をとらえることも考えてみよう．この見方によってテイラーの定理，多変数の微分などが一変数の微分の自然な拡張になる．

一方，代数的な視点ももちろん必要である．ランダウの記号などをうまく使うことで，一般の関数の微分計算も代数化が行われる．

前章では数列とか級数の話題を取り上げた．微積分の基本的な定理が続くことになるが，難しいのであとに回すことにしよう．この章では，少し飛んで，微分という概念について色々と油を売ってみたいと思う．

1　微分するとは

そもそも，微積分学がニュートンによって始められたとき，最初に現れた概念が，瞬間の速度すなわち流率であった．これは，グラフで考えればまさに接線を引くことである．

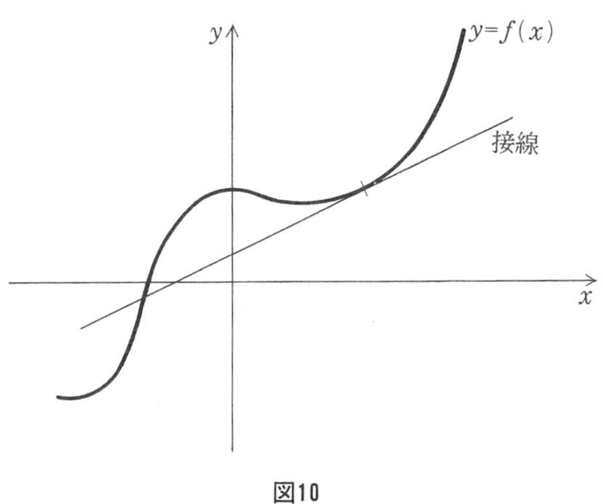

図10

例題1　$f(x)$ が，$x=a$ において微分可能であるための条件は定数 A と $x=a$ の近くで定義されている関数 $v(x)$ で，

役に立つ言いかえ

$$f(x)=f(a)+A(x-a)+v(x)$$

かつ，$\lim_{x\to a}\frac{v(x)}{x-a}=0$ を満たすものがあることである．このとき，$A=f'(a)$ である．

解説　もともと $f(x)$ が，$x=a$ で微分可能であるとは，$\lim_{x\to a}\frac{f(x)-f(a)}{x-a}$ が，存在することであり，この値が $f'(a)$ であった．そこで，$A=f'(a)$，$v(x)=f(x)-f(a)-f'(a)(x-a)$ と置くと，上の式を得る．逆に定数Aが存在すると，

$$A=\lim_{x\to a}\frac{f(x)-f(a)}{x-a}$$

で，$x=a$ において微分可能となり，$A=f'(a)$ となる．

終り

問 3.1　$f(x)$ を整式とする．a を定数とする．

多項式の微分は代数

$$f(a+h)=f(a)+A_1h+A_2h^2+\cdots+A_nh^n$$

と展開するとき，$A_1=f'(a)$ となることを，上の例題を使って示せ．これは，多項式の微分の代数的定義である．

さて，上の例題はほとんど単なる言換えに過ぎないようであり，実際，内容はほとんどそんなものである．しかしながら，このように言換えるかどうかで，これから先の発展のしやすさが左右されるのである．何が果たして良くなったのであろうか．

一つには，まず分数式をあらわには含まないことである．少なくとも見かけ上は整式であり，極限のややこしいところは全て $v(x)$ のところに押込まれている．もう一つのメリットは，この形にしておくと微分することと微分係数との違いが明らかになって，2変数以上の関数の場合に容易に拡張できることである．すなわち，$x=a$ で微分するとは $x=a$ の近くで上のように一次関数で近似して，誤差が一次関数よりも速く0に収束するようにできることである．それに対して，微分係数とは上の式のAのことであり，単なる数である．この違いは一変数でははっきりと区別する必要が無いが，二変数以上になると極めて本質的である．二変数以上の場合についてはあとの章で触れることになる．

〝微分〟と〝微分係数〟の違い

さて，上の例題の式で $v(x)$ なる記号を使っているが，この記号は積分変数などと同じで，それ自体には意味はない．大事なことは，

$$\lim_{x\to a}\frac{v(x)}{x-a}=0$$

となることである．そこで，ランダウという人が，このような関数を総称して，$o(x-a)$ という名前を付けた．これは，もっと一般の記号の特殊な場合で，x が a に近付くときに $v(x)$ の方が，$x-a$ よりも速く 0 に近付くという意味である．すなわち，x が a に近付くときに，二つの関数 $u(x)$ と $v(x)$ があって，

ランダウの記号

$$\lim_{x\to a}\frac{u(x)}{v(x)}=0$$

となるときに，$u(x)=o(v(x))$ とかくことにしよう．ただし，これらの式は本来の意味での等号ではなく，右辺が左辺の性質を表わしているというように解釈しなければならない．

例題 2　ランダウの記号に関して，次のことを示せ．

便利なルール

(1)　$o(u(x))+o(u(x))=o(u(x))$

(2)　$k(x)$ が $x=a$ の近くで有界な関数とするとき
　$k(x)o(u(x))=o(x)$

解説　どちらも容易であるが，(1)だけを示そう．
$v(x)=o(u(x))$，$\tilde{v}(x)=o(u(x))$ とする．そのとき

$$\frac{v(x)+\tilde{v}(x)}{x-a}=\frac{v(x)}{x-a}+\frac{\tilde{v}(x)}{x-a}\to 0$$

であることからわかる．　　　　　　　　　　　　終り

問 3.2　a の近くで定義された x の関数 $u(x)$，$v(x)$ を考える．$x\to a$ で $\dfrac{u(x)}{v(x)}$ が有界であるとき，$u(x)=O(v(x))$ とかく．これもランダウの記号である．そのと

き次を示せ．

(1) $O(v(x))+O(v(x))=O(v(x))$

(2) $O(v(x))o(v(x))=o(v(x))$

因みに，

$$\lim_{x\to a}\frac{u(x)}{v(x)}=K\neq 0$$

のとき，$u\simeq v$ と書き，同位の無限小などとよぶ．

ランダウの記号を使うことも，例題 1 と同じように単なる書換えのようであるが，そうではなく，これによって極限計算の代数化というべきものが行なわれることになる．一つやってみよう．

例題 3 次の公式を，ランダウの記号を使って証明せよ．

(1) $(f(x)g(x))'=f'(x)g(x)+f(x)g'(x)$

(2) $(f(g(x))'=g'(x)f'(g(x))$

通常の証明とくらべてみよう

解説 (1)を示そう．$x=a$ のところで考えれば十分である．f，g の微分の式によって，

$$f(x)=f(a)+f'(a)(x-a)+o(x-a)$$
$$g(x)=g(a)+g'(a)(x-a)+o(x-a)$$

となっている．この二つの式をかけ合わせてみよう．

$$f(x)g(x)=f(a)g(a)+\{f(a)g'(a)+f'(a)g(a)\}(x-a)+o(x-a)$$

ここで，例題 2 の公式を繰り返し使っており，この式から直ちに積の微分公式が従うことがわかる．

(2) 合成関数の微分公式である．$y=f(x)$, $b=f(a)$ と置く．

$$f(x)=f(a)+f'(a)(x-a)+o(x-a)$$
$$g(y)=g(b)+g'(b)(y-b)+o(y-b)$$

である．上の式を下の式に代入する．このとき，

$o(o(x-a))=o(x-a)$ などとなることに注意．

$$g(f(x))=g(f(a))+g'(f(a))f'(a)(x-a)+o(x-a)$$

であり，(2)を得る．よくみると，誤差の部分を除いた本質的なところは，一次関数の代入になっていることがわかる．　終り

一次関数と思ってよい

このような証明法をみると，積の微分公式がこのような形を取らなければならないことが，一目瞭然である．これほど簡単ではないが，商の微分公式もこのやり方で導くことが可能である．

問 3.3　商の微分公式

少し難しい

$$\left(\frac{f(x)}{g(x)}\right)'=\frac{g(x)f'(x)-g'(x)f(x)}{g^2(x)}$$

をランダウの記号を使って証明せよ．

$\dfrac{1}{1+x}=1-x+o(x)$ などを使うとよい．

ここで行なった計算は，よくみると，極限の概念（基本的には ε-δ 論法である）は完全に背後に隠れてしまって，ほとんど多項式（せいぜい分数式）の単純な代数計算だけによって行なわれていることがわかる．難しくいえば，無限小たちのなす環の中で，$o(v(x))$ はイデアルになるのである．実際問題として，ランダウの記号に関する基本的な性質を了解すれば，この手の計算は代数計算に化けてしまう．従って，教養の微積分の初等的な部分は，善悪は別として，かなり代数計算だけの形にまとめることができるだろう．

イデアル $o(v(x))$ による高環

2　微分の計算

理屈っぽい話ばかりでも困るので，ここで微分の計算で注意すべきことを，幾つか例題の形でまとめておこう．

例 題 4 微分せよ.

(1) $\mathrm{Tan}^{-1}\left(\sqrt{\dfrac{x-1}{x+1}}\right)$ (2) x^x

(3) $\dfrac{(x-1)(x+2)}{(x+1)(x-2)}$

合成関数，逆関数の微分

解 説 (1) 私たちがこのような問題を出題するときには，二つの意図がある．まずひとつは合成関数の微分がしっかりとできること，この場合には合成関数が3重になっているので，しっかりと理解してしないとまちがえてしまう．もうひとつは，逆関数の微分である．

$y=\mathrm{Tan}^{-1}x$ の微分を常に $x=\tan y$ の形にして，原点に戻ってやらなければならないのでは，大変である．この関数の微分が $\dfrac{1}{1+x^2}$ になることぐらいは，当然覚えておくべきことのなかに入っていよう．特にこれは積分を行なうときに重要である．

$$y'=\frac{1}{1+\dfrac{x-1}{x+1}}\,\frac{1}{2\sqrt{\dfrac{x-1}{x+1}}}\,\frac{2}{(x+1)^2}$$

$$=\frac{1}{2x\sqrt{(x+1)(x-1)}}$$

(2) このように，指数の底と肩の両方に変数 x が入っている場合には，$y=x^x$ の両辺の自然対数をとるとうまくいく．そうすると，$\log y=x\log x$ となり，y が x の関数であることに注意すると，容易に微分することができる．両辺を微分して，$(1/y)y'=\log x+1$ となる．

指数関数の底の変換

実は，同じことであるが，指数関数の底の変換公式というものがある．すなわち，$a^x=b^{(\log_b a)x}$ である．これにより $y=e^{x\log x}$ となる．単なる合成関数の微分になってしまう．

いずれにしても答えは，$y'=(\log x+1)x^x$ である．

(3) この形の関数はもちろん普通に微分しても計算することはできるが，積の形が基本となっているので，計算がかなり大変になる．これも(2)の場合と同様に，両辺の対数をとると，積は和に，商は差になって，非常に計算しやすくなる．出てくる関数はいつ負になるかも知れないので，念のため，全て絶対値をとっておこう．

対数微分

$$\log|y|=\log|x-1|+\log|x+2|-\log|x+1|-\log|x-2|$$

$$\frac{y'}{y}=\frac{1}{x-1}+\frac{1}{x+2}-\frac{1}{x+1}-\frac{1}{x-2}$$

y を右辺に払い，分数を通分して簡単にすれば次のとおり．

$$y'=\frac{6(x^2-2)(x-1)(x+2)}{(x+1)^2(x-2)^2}$$

さらにいえば，この形は，y' の符号などを調べるには，大変適している．　終り

問 3.4　次の関数を微分せよ．

(1)　$\mathrm{Sin}^{-1}\left(\dfrac{\sqrt{x}-1}{\sqrt{x}+1}\right)$　　(2)　$x^{1/x}$

(3)　$\sqrt[3]{\dfrac{(x-1)^2}{(x+1)(x+2)}}$

3　何回も微分する

さて，一つの関数を何度も繰返して微分することはよくあることである．2，3回について手計算で行なえばよいが，高階の導関数とか，階数が一般の自然数になった場合など，単純な手計算は通用しなくなるであろう．

ライプニッツの公式の適用限界

そのための一見強力と思われる方法が，ライプニッツの公式である．しかしながら，ライプニッツの公式は，証明も込めて，原理的には多項式の2項定理と全く同じものであるから，2つの関数 f，g が全く一般の関数では，単に f，g の導関数がずらずらと並ぶばかりで，役に立つ情報が出てくるとは限らない．この公式によって具体的

に計算できるのは，f，g のうち一つが，数回微分したら消えてしまい，もう一つの n 階導関数が簡単に求められるような場合ぐらいである．ただ，微分方程式を導いたりするような，理論的な側面では重要である．

高階導関数は必要か？

さらにいえば，一般の n 階導関数を求めることは，そんなに必要となるわけではない．極値問題でいえば，大体 2 階導関数の符号がわかれば十分であり，必要に応じてもう少し上の階数の導関数を調べておけば用は足りることが多い．テイラーマクローリンの定理において n 階導関数が必要であるようだが，実際に必要なのは n 階導関数のある点における値だけであり，それだけならば，もっと簡単に求める方法が色々ある．

例 題 5

(1)　n 階導関数を計算せよ．$(x^2-x+1)e^{-2x}$

(2)　n 階導関数の $x=0$ における値を求めよ．

$$f(x)=\exp(x^2)$$

解 説　(1)　ライプニッツの公式はまさにこういう場合にこそ用いるべきものである．$f(x)=x^2-x+1$，$g(x)=e^{-2x}$ とおくと，$f(x)$ は三回微分すると 0 になってしまうので，ライプニッツの公式で，最初の三項しか残らない．一方，$g^{(k)}(x)=(-2)^k e^{-2x}$ であるから，

$$(x^2-x+1)(-2)^n e^{-2x}+n(2x-1)(-2)^{n-1}e^{-2x}+\frac{n(n-1)}{2}\cdot 2(-2)^{n-2}e^{-2x}$$

となる．さらにこれを簡単にすればよい．

(2)　2，3 回微分してみればわかるが，どんどん x の多項式が出てきて，収拾が付かなくなるはずである．必要とされているのは $x=0$ における値のみであることから，次のように答えて容易に求めることができる．e^x のマクローリン展開は $\sum_{n=0}^{\infty}\frac{1}{n!}x^n$ である．この式の x のところに x^2 を代入すると右辺は $\sum_{n=0}^{\infty}\frac{1}{n!}x^{2n}$ である．この

正直にやると大変

展開式から求める導関数の $x=0$ における導関数の値を逆算することができる．すなわち，n が奇数のときには 0 であり，$n=2m$ のときには $(2m)!/m!$ となる．この手の計算については，テイラーの定理のところで幾らでもお目にかかることができるであろう．　終り

問 3.5

(1)　n 階導関数を求めよ．$(x-1)\sin x$

(2)　$f(x)=\sin(x^3+\pi/3)$ とする．$f^{(n)}(0)$ を求めよ．

4　平均値の定理

微分の理論をささえる最も基本的な定理が，平均値の定理と呼ばれるものである．教科書では，この定理はロルの定理から導かれ，ロルの定理は最大値の定理から導かれることになっているが，この辺は微積分の基礎理論というべきものであり，11章で触れる．普通に数学を使う立場としては，平均値の定理を公理のように考えてよいであろう．

平均値の定理においてわかりにくいのは，実際に平均値を与えている $a<c<b$ となる c の値であるが，正確な値が必要とされることはまずない．重要なことは，関数の変動が導関数によって支配されることである．だから，フランスの数学者などには，平均値の定理不要論があるほどである．もちろん，それに代わるものすなわち有限増分の定理が必要であるが．

平均値の定理不要論もある

例題 6　$f(x)$ は，微分可能であるとする．$f(0)=0$ で，$x=0$ の近くで $|f'(x)|\leq K|f(x)|$ が，成立しているとすると，その部分で $f(x)=0$ となることを示せ．

解説　積分を用いる方法もあり，後の章で問になっている．ここでは平均値の定理を用いて考えていきたい．本来平均値の定理は，$f(x)$ の挙動を $f'(x)$ で制御しようというものであるから，例題中の不等式は，それとは逆向きのものであり，二つを合わせれば結論がえられる

平均値の定理の応用

ことになる．まず $0 \leq x \leq 1/(2K)$（またはもっと小さい区間）として，0 と t との間で平均値の定理を用いると，

$$|f(t)| = |f'(\theta t)||t| \qquad (ただし，0 < \theta < 1)$$

ここで上の仮定を用いると，$|f'(\theta t)| \leq K|f(\theta t)|$ であるから，二つ合わせると，$|f(t)| \leq K|f(\theta t)||t|$ である．そこで，閉区間 $[0, (1/2K)]$ における $|f(t)|$ の最大値をMとおくと，$|f(t)| \leq (1/2)M$ となる．ここで，もし $M \neq 0$ とすると，M が，$|f(t)|$ の最大値であることに矛盾する．従って，$f(t)$ は上の小区間で恒等的に 0 にならなければならない．

トリッキーな論理

さて，ここの所が微妙な部分であるが，この小区間のはばは，最初に不等式において与えられたKの値のみによって決めることができ，x に無関係だから $f(x)$ を平行移動して行けば，上の不等式が成立するような全ての区間に対して，$f(x)$ は恒等的に 0 にならなければならない．　　終り

問 3.6　$-2 \leq x \leq 2$ において $f(x)$ は n 回微分可能で，

$$f(0) = f'(0) = \cdots = f^{(n-1)}(0) = 0$$
$$|f^{(n)}(x)| \leq K(|f(x)| + |f'(x)| + \cdots + |f^{(n-1)}(x)|)$$

成立っているとする．そのとき，その区間において，$f(x)$ は恒等的に 0 になることを示せ．

縮小写像による漸化式

平均値の定理の応用としてもう一つ考えられるのは，縮小写像によって与えられる数列の極限である．

例題 7　数列 $\{a_n\}$ を次の漸化式によって定義する．

$$a_{n+1} = \exp(-a_n) + 1, \qquad a_1 = 0$$

nが無限大になるときに a_n が収束することを示せ．

解説　この漸化式の一般項をわかりやすい形で書き下すことはどうみても不可能である．収束することを示すための方法としては，コーシー列であることを示す方法，

また単調有界数列の収束を利用する方法など考えられるが，ここでは極限値を推定してそこに収束することを示すことにする．これも一般項がわからない数列の極限に関してよく用いられる方法である．さて，極限値が存在すると仮定して，その値を c とすると c は方程式 $x=\exp(-x)+1$ を満たさなければならない．

交点にまきついていく

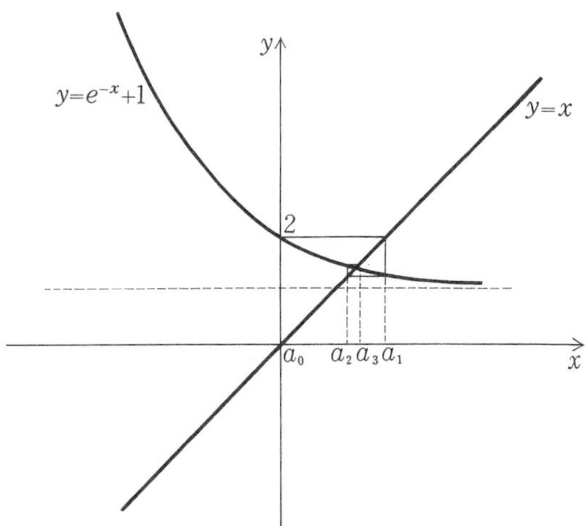

図11　収束のようす

グラフをかいて考えれば明らかに，この方程式は正の実数解 c をただ一つもつ．そこで，漸化式 $a_{n+1}=\exp(-a_n)+1$ の両辺から，$c=\exp(-c)+1$ を引くと，$a_{n+1}-c=\exp(-a_n)-\exp(-c)$ が成立つことになる．関数 $\exp(-x)$ に対して $x=a_n$ と $x=c$ の間で平均値の定理を適用すると，$\exp(-a_n)-\exp(-c)=-\exp(-d)(a_n-c)$ となる d で，a_n と c の間にあるものがとれる．漸化式の形から $n\geqq 2$ に対して $a_n>1$ であり，また同様に $c>1$ である．従って，$d>1$ となる．これらのことから，$|a_{n+1}-c|<\exp(-1)|a_n-c|$ が成立する．これを繰り返し適用することによって，$|a_n-c|<(\exp(-1))^{n-1}|a_1-c|$ を得る．ここで n を無限大にすれば，

挟みうちの原理

a_n は c に収束することがわかる．　終り

問 3.7　次の漸化式によって与えられる数列は収束していることを示せ．

$$2a_{n+1}=\sin a_n+1 \qquad a_1=0$$

なお，収束の様子を観察したければ，グラフをかいて眺める方法がある．上のグラフにおけるように，適当に初期値を設定すると，極限値に近付いていくようすが，よくわかる．

以前数列の章で出てきたが，$f(x)=\exp(-x)-1$ が縮小写像，すなわち，

$$|f(x)-f(y)|\leq C|x-y| \qquad 0<C<1$$

を満たすことを，平均値の定理によって証明したのである．ここでも，平均変化率を与える具体的な関数値は重要ではなく，$|f'(x)|$ の最大値が 1 より小さいということだけが，ポイントであった．

関数の極限とか連続性と絡んで紛らわしい話題があるので，ここで例題としてとりあげたい．連続関数に対して中間値の定理が成立することは，よく知られている．また，微分可能な関数の導関数は必ずしも連続ではなく，確かに容易に反例を作ることができる．例えば，

導関数の連続性

$$f(x)=\begin{cases} x^2\sin\dfrac{1}{x} & x\neq 0 \\ 0 & x=0 \end{cases}$$

がその例である．

異状な〝接し方〟である

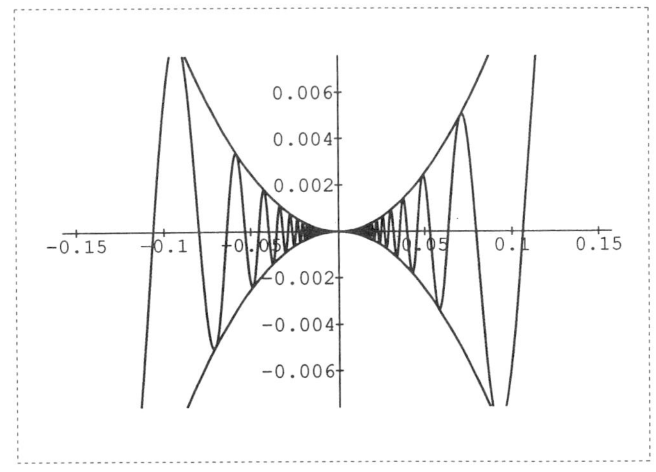

図12　上の関数のマセマティカによる絵

$$y=\begin{cases} x^2\sin\dfrac{1}{x} & x\neq 0 \\ 0 & 0 \end{cases}$$

$-0.15 \leqq x \leqq 0.15$

ところが，導関数に対しては，たとえそれが連続でなくても，中間値の定理が成立してしまうのである．

例 題 8　(1)　次の議論のどこに誤りがあるか．

平均値の定理から，$\dfrac{f(x)-f(a)}{x-a}=f'(c)$ となるような $a<c<x$ がある．そこで x を a に近づけると右辺は $f'(a)$ に収束する．また，このとき $c\to a$ だから，$\lim\limits_{c\to a}f'(c)=f'(a)$ となって $f'(x)$ は連続である．

極限の理解が必要

(2)　$[a, b]$ で $f(x)$ は微分可能とする．γ は $f'(a)$ と $f'(b)$ の間の実数とすると，$f'(c)=\gamma$ となる $a<c<b$ が存在することを示せ．（中間値の定理？）

解 説　(1)と(2)は密接に関連した性質である．

(1)　x が a に近付くときの行き方としては，どの様な行き方も許されている．ところが，x が a に自由に近付いても c は x に依存して決ってくるものであるから，c の

a への近付き方は，全く自由であるとは言えない．実際に言えることは，$x_n \to a$ で $f'(x_n) \to f'(a)$ となるような数列 $\{x_n\}$ がとれることであり，これが(2)の成立の理由である．

グラフをかいてみるとよくわかる

(2)　$f'(a) < f'(b)$ と仮定して出発する．$F(x) = f(x) - \gamma x$ とおく．$F'(x) = f'(x) - \gamma$ であるから，$F'(a) < 0$，$F'(b) > 0$，$F'(c) = 0$ という条件に変わる．$F'(b) \geqq F'(a)$ と仮定しても構わない．$F'(a) < 0$ より，$F(x)$ は $x = a$ において減少しているから，$F(d) < F(a)$ $a < d < b$ となる d がある．そこで $F(x)$ に対して中間値の定理を使うと，$F(e) = F(a)$，$a < e < b$ となる e がある．最後に $x = a$ と $x = e$ に対してロルの定理を適用すれば，$F'(c) = 0$, $a < c < e$ となるような c が存在することがわかる．$F'(b) \leqq F'(a)$ の場合には $x = b$ と $x = a$ を入れ替えて考える．　終り

不連続性にもいろいろある

このように，導関数として現れる関数は，たとえ不連続でも，不連続性の性質は，かなり限定されたものでなければならないことがわかる．

今回は微分に話を限定したが，微積分をあえて微分学と積分学に分けるなら，(高木貞治先生のように)テイラーの定理までいかないと微分学はおさまらないということを一言断っておきたい．

第 4 章　関数を展開しよう

テイラー展開は，微積分の花形である．具体的な関数の級数展開に驚かなかった人はいないだろう．どんな関数も積と和と，あとほんの少し（そこが問題）でかけてしまうのだから．テイラー展開の発見によって微積分は飛躍的に発展したのである．特に初等関数のマクローリン展開は，理系学生の必修事項である．

前回は微分の計算についてお話ししたので，今回はこれに続いて，不定形の極限の計算，テイラー，マクローリンの定理などに関連することを，お話ししたい．

微分の計算はそもそも無限に小さい量をあつかうものであり，ニュートンの昔から，無限小というものの扱いはしばしば問題になった．同時代にやはり微積分を始めたライプニッツは，無限小の量を単子と呼び，単子論という哲学を始めている．単子とは，無限に小さいが零ではない量のことであり，まさにいわくいいがたいものである．因みに，この考え方は，現代の超準解析の考え方に受継がれている．極限概念のまともな定式化は，コーシーの出現を待たねばならなかった．

無限大，無限小の実現

高校の数学で極限を初めて扱うときに，まず出てくるのは，$(x^2-1)/(x-1)$ において x を1に近付ける計算である．そこでまず x は1ではないものとして考えておいて分数式の約分を行ない，その後で，$x+1$ において x を1にしてしまうので，初めてこのトリックをみるとだまされたような気になるものである．

ゼノンの逆理

もう一つのトリックは，いわゆるゼノンの逆理である．飛んでいる矢は，実は静止している，という逆理はアキレスと亀の逆理程ではないがよく知られている．すなわ

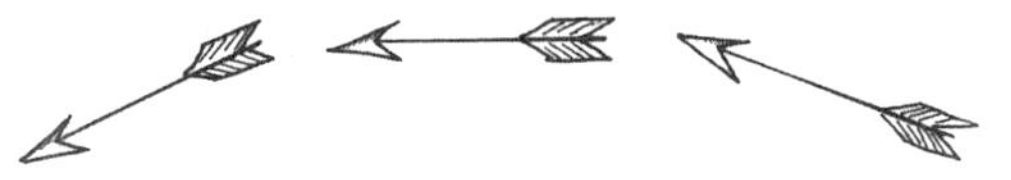

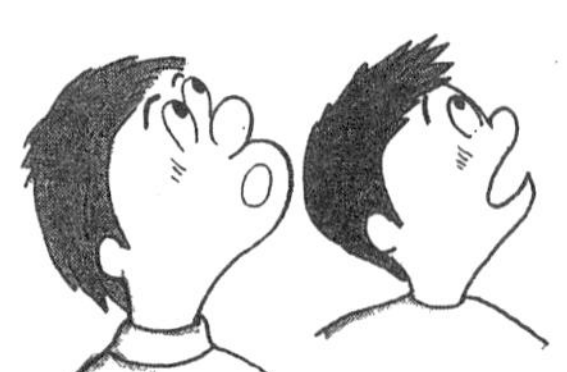

図13　飛んでいる矢の絵

ち，空中を飛んでいる矢は各瞬間毎には静止しているわけだから，結果として常に静止していることになるというものである．これはギリシャの哲学者ゼノンが敵対する一派をやっつけるために編み出した一つの詭弁である．明らかに事実に反することではあるが，これに対して有効な反論を行なうのはなかなか難しいことである．

〝0ではないが0のようなもの〟＝無限小

結局我々は何を理解し難いのであろうか．瞬間の速度など，0ではないが大きさもないようなものを，きちんと認識することが難しいのである．ニュートンがゼノンの逆理を念頭において微分学をはじめたのかどうかはわからないが，瞬間の速度という概念，すなわち無限小をいかにうまく認識するかと言うことが，微積分を理解できるかどうかの（必ずしも理解できなくても使用する分には構わないこともあるが）分かれ目であると考えられる．

それはさておき，平均値の定理は微積分学の最も基本であるとされるわけだが，その自然な拡張であるテイラーの定理にかかわることを，今回は中心に据えてお話ししたいと思う．微分することは，まっすぐでない関数を一次関数，すなわち直線で近似しようというものである（一次関数は必ずしも1変数だけのものではないことに注意）．まさに瞬間の速度を考えることである．しかしいつでも直線で近似していればことが足りるわけでもない．

極値問題の完全な解決は？

もっとも単純な例を挙げてみよう．それは1変数の極値問題である．極値を取るとすれば接線は水平であることが必要条件として出てくるが，それだけでは極大なのか極小なのか，はたまた，極値をとらないのか，これだけでは全くわからない．$y=ax^2$ を考えてみよう．これは $x=0$ で接線が x 軸に平行であるが，a の符号によって極大になったり極小になったりする．従って，接線が x 軸に平行な場合，もし2次関数によってもっとうまく（これが肝心な点である）近似できれば極値であることが容易に判定できる．すなわちこの点で2階導関数の符号が正であれば極小で，負であれば極大となる．これは2次関数による近似が有効な例である．

ところがこの方法でもうまく行かない場合がある．$y=x^3$ を考えてみよう．この関数は $x=0$ で接線が水平であるのみならず，定数関数以外の2次関数でうまく近似することができない．すなわちこの点で2階導関数は0になってしまい，上の方法では極値であるかどうか判定できない．この関数は結局のところ3次関数で近似するしかないことがわかる．もちろんこの関数が極値を取らないことはただちにわかるが，これらのことを体系的に考えたいのである．

3階導関数も0になってしまうと4階導関数を考えなければならない．このようにして極値を導関数を用いて判定しようとすると，どんどん0でないものがでてくるまで微分していくことになる．結局これは考えている点の近くでどんどん次数の高い整式で，より精密に近似していくことを意味している．

近似にも精度がいろいろある

近似と気軽に言葉を使っているが，よく考えてみると接線の意味で近似する場合と，近似多項式の次数が高い場合の近似の意味は，自ずと異なっていなければならないのは当然のことである．

1　多項式とテイラー展開

まず，一般の関数ではなく，多項式に対してこれらのことを行なってみよう．すなわち多項式のテーラー展開である．これは微積分というよりは全くの代数の話になってしまい，高校の数学の問題として，それとは言わずによく出題されていたものである．

例題 1

恒等式の問題

$$x^4=(x-1)^4+A(x-1)^3+B(x-1)^2+C(x-1)+D$$

が恒等式になるような定数A，B，C，Dを定めよ．

解説　多くの解法があるので順に説明していく．

安全確実

(1)　右辺を展開すると，x の多項式になるので，左辺と係数を比較することによって，A，B，C，D に関する連立方程式がえられる．それを解けば定数を定めることができる．これは，最も安全確実な方法であるが，何のインスピレーションもなく見通しも悪い．

(2)　$x-1=y$ とすると，右辺は $y^4+Ay^3+By^2+Cy+D$ である．$x=y+1$ であるから，これを左辺に代入して展開すると，

$$(y+1)^4=y^4+4y^3+6y^2+4y+1$$

係数の存在と一意性を与える

であるから，このようにしてから係数を比較すると，より効率的である．次数が低い場合にはこの方法がほぼ万能であるが，次数が高くなると展開の公式が大変になってくる．ただし，この方法の重要なところは，このような係数が一意的に存在することを明確に保証している点である．

計算は早い

(3)　組み合て除法による方法．D は x^4 を $x-1$ でわった余り．その商を順次 $x-1$ でわって行けば，全ての定数が求められる．

(4)　代入法．両辺は 4 次式だから，5 つ以上の値に対して等号が成立すれば，恒等式でなければならない．例えば，$x=0$, $x=\pm 1$, $x=\pm 2$ などを代入して見ればよい．

最も解析的な方法

(5)　(4)と最初は同じ発想で出発する．$x=1$ を代入すると，$D=1$ が直ちに従うのは同様である．その次から違ってきて，この式が恒等式であることに注目して，両辺を x について微分する．ここで注意しておくと，両辺を微分してよいのは，あくまで恒等式の場合であって，方程式を微分すると全く意味が違ってきて大変なことになるので十分注意すること．例えば，$x^2-1=0$ の両辺を x で微分すると，$2x=0$ となって，全く別の式になる．方程式の場合には，変数の数と式の数を調べて独立変数を決め，のこりの変数はそれらの関数になるとして，陰関数定理などを使って，微分しなければならない．線型

代数における連立一次方程式の解き方のところを見ると，この事情がよくわかる．

さて，そのようなことに注意して両辺を微分すると，

$$4x^3=4(x-1)^3+3A(x-1)^2+2B(x-1)+C$$

となる．ここで $x=1$ と代入すると，$C=4$ となることがわかる．これを繰り返していくことによって，B，A も求めることができる．このような方法を使った場合の一つの問題点は，あくまで必要条件として求めているので，本来は十分性を確認しなければならない．しかしながら，この問題の場合には，A，B，C，D が存在することは(2)の解法を見れば，明らかである．　終り

問 4.1

$$\begin{aligned}&x^6-2x^5+x^3-x+4\\&=A(x+1)^6+B(x+1)^5+C(x+1)^4+D(x+1)^3\\&\quad+E(x+1)^2+F(x+1)+G\end{aligned}$$

を恒等的に満たしているような定数 A，B，C，D，E，F，G を求めよ．色々な方法を試みてみよ．

問題は解ければ終わりではない

このようにいろいろの解法があるが，果たしてどれがもっとも計算が楽でかつ普遍性があるのであろうか．次数が低い場合には，展開による方法とか組立除法による方法が有効であるが，これらは次数が高くなると非常に大変であり，また考えている関数が多項式でなくなると，全く応用がきかなくなるので，ここでは最適の方法として採用することはできない．多項式の次数が上がっても，多項式でなくなっても有効な方法は微分を用いる方法であり，これが上で述べたことと共通するのである．

すなわち，問題の式において $x=a$ と代入すると求められるのは定数項のみであるが，元の式の両辺を微分すると定数項は消えて，代わりに1次の項が定数項になるのでそこでもう一度同じ代入を繰り返してやればよい．この操作をどんどん繰り返して行くことによって，係数

を元の関数の高階導関数によって表すことができる．

これを例題の形で書いておくと次のようになる．

例 題 2　$f(x)$ を n 次の多項式とすると次の一般的な等式が成立する．

テイラー展開

$$f(x)=f(a)+f'(a)(x-a)+\frac{f''(a)(x-a)^2}{2}+\cdots+\frac{f^{(n)}(a)(x-a)^n}{n!}$$

解 説　$x=y+a$ と置いて考えることによって，このような形に展開できることはわかっているので，

未定係数法

$$f(x)=a_0+a_1(x-a)+a_2(x-a)^2+\cdots+a_k(x-a)^k+\cdots+a_n(x-a)^n$$

とおいて，両辺を k 回微分して $x=a$ とおくと
$a_k=f^{(k)}(a)(x-a)^k/k!$ とならなければならない．　終り

この式はもちろん厳密な等式であり，内容としては全くの代数である．そもそも高校で微分積分をやるときに，まず関数の極限から始めるわけであるが，多項式の微分だけを考えている限りでは，そのような難しい概念は全く不用であると思われる．x^n の微分だけを決めてしまえば，後はすべて式の計算だけで片がついてしまう．

多項式の微分は代数

多項式の微分に関する色々なこととか代数方程式の重根に関すること等は，難しいことは抜きにして上の例題の式だけを用いて説明されてしまう．実は，基礎解析レベルの微分については解析の本よりも代数の本のほうがむしろわかりやすいのである．だから，微分は代数学においても重要なテーマたりえるのである．興味があれば，ファン・デル・ヴェルデンの〝現代代数学〞という本を読んでみて欲しい．

多項式のテイラーの定理の代数的な応用をもう二つ考えてみよう．代数方程式の重根の問題と，多項式関数の極値の問題がある．

例 題 3　(1)　$f(x)$ は多項式とする．代数方程式 $f(x)=0$ が n 重根 a を持つための条件は

どちらの問題も原理は同じ

$$f(a)=0,\ f'(a)=0,\ \cdots,\ f^{(n-1)}(a)=0$$

がなりたつことである．

(2)　$f(x)$ は多項式とする．

$$f'(a)=f''(a)=\cdots=f^{(n)}(a)=0,\ f^{(n+1)}(a)\neq 0$$

とする．そのとき，$x=a$ は n が偶数であると極値ではなく，奇数であると極値である．さらに，n が奇数の場合，$f^{(n+1)}(a)>0$ ならば極小で，$f^{(n+1)}(a)<0$ ならば極大である．

解 説　(1)　多項式のテイラー展開を与えてしまえば自明である．直前の **例 題 2** より

$$f(x)=f(a)+f'(a)(x-a)+\frac{f''(a)}{2}(x-a)^2+\cdots$$
$$+\frac{f^{(n-1)}(a)}{(n-1)!}(x-a)^{n-1}+\frac{f^{(n)}(a)}{n!}(x-a)^n+\cdots$$

であるから，導関数の値がすべて消えると，$f(x)$ は $(x-a)^n$ で割り切れることが直ちにわかる．

(2)　これも $f(x)$ の $x=a$ におけるテイラー展開を見ればよい．

$$f(x)-f(a)=(x-a)^{n+1}\{a_{n+1}+a_{n+2}(x-a)+\cdots$$
$$+a_m(x-a)^{m-n-1}\}$$

となっている．中括弧の中は，$x-a$ が十分小さくなると a_{n+1} に幾らでも近くなるので，符号は a_{n+1} の符号に一致する．0 でない多項式の場合，必ず 0 でない導関数が現れるので，この式より，極値問題は完全に判定できる．　終り

問 4.2

本当の代数問題

$$f(x)=(x-a)^n p(x)+a_{n-1}x^{n-1}+\cdots+a_1$$

と置くことにより，上の例題をテイラー展開を経由せず

に証明せよ．

2　テイラーの定理

以上のように，多項式の微分に関することには，テイラー展開が極めて有効であることがわかったので，これを通常の関数に対しても考えて見るとさぞやよいことがあるだろう．ただし，その場合には当然左辺は多項式ではないので，代数的な等号の意味で全く同じ式が成立することは，望むべくもないことである．さてどのように考えるべきであろうか．

簡単に述べると，n 回微分可能な関数 $f(x)$ に対して，

テイラーの定理

$$f(x)=f(a)+f'(a)(x-a)+\frac{f''(a)}{2}+\cdots+\frac{f^{(n-1)}(a)}{(n-1)!}(x-a)^{n-1}+\frac{f^{(n)}(c)}{n!}(x-a)^n$$

となるような c で x と a の間にあるものが存在する．これがテイラーの定理である．ただし，最後の一項において c が a の代りに入っていることによって，全体が等号になるのである．

剰余項はいろいろある

$$R_n(x)=\frac{f^{(n)}(c)}{n!}(x-a)^n$$

とかき，$R_n(x)$ を剰余項とよぶ．剰余項の表し方は実はこの方法だけではなく，特にこの形をラグランジュの剰余項と呼ぶ．よくみると，全体が平均値の定理のうまい拡張になっていることがわかる．

n をどんどん大きくしていくときに，剰余項が0に収束するような x に対しては，

テイラー展開

$$f(x)=\sum_{n=0}^{\infty}\frac{f^{(n)}(a)}{n!}(x-a)^n$$

が成立することになり，これをテイラー展開と呼ぶ．特に，$a=0$ のときがマクローリン展開である．

テイラーの定理のもう一つの方向の応用として，$f(x)$ が n 回微分可能なら，

n 次近似式

$$f(x)=\sum_{k=0}^{n}\frac{f^{(k)}(a)}{k!}(x-a)^k+o((x-a)^n)$$

となる．右辺のシグマ記号の部分を $f(x)$ の $x=a$ における近似 n 次式と呼び，後ろは前に出たランダウの記号である．これは，この章の最初の方に述べたように，関数を，直線ではなく，さらに次数の高い多項式でより精密に近似しようとするもので，応用上極めて重要である．

3　具体的なテイラー展開

遅くなってしまったが，具体的な関数のテイラー展開を考えてみよう．もっとも基本的なものについては公式に基づいて求めていくしかない．例えば，

基本的な公式

$$e^x=\sum_{n=0}^{\infty}\frac{x^n}{n!}$$

$$\sin x=\sum_{n=0}^{\infty}(-1)^n\frac{x^{2n+1}}{(2n+1)!}$$

$$(1+x)^\alpha=\sum_{n=0}^{\infty}\binom{\alpha}{n}x^n$$

このようなものは，使えるように覚えていなければならない．

それらが求まったあとは，いろいろと変形することによってもっと複雑な関数の展開を行なうことができる．下の例題のような計算が可能であることの理論的根拠は，級数が絶対収束していることが一つ．それから，整級数展開は，もし存在すればただ一つしかないということがもう一つである．

例題 4　次の関数のマクローリン展開を求めよ．一般項を書くことが困難な場合は，ある程度の次数まで求め

よ．

(1)　$\sqrt{1-x^2}$

(2)　$e^x \sin x$

(3)　$\log(1+\sin x)$

解説　(1)　これはそのまま定義にしたがって微分していくと，どんどん式が複雑になっていく．まともな形でn階導関数を求めることは不可能に近い．何度も出てくるが，実際に必要なのは原点におけるn階導関数の値だけであるから，そのような計算は実は全くの無駄であることがわかる．このような場合の常套手段であるが，$-x^2$ を一つの記号Xと考えれば $(1+X)^{1/2}$ となり，これを展開するのは上の一般2項定理である．注意しなければならないのは，全てのxに対して収束するわけではなく，収束半径が通常1になることである．

変数の置き換え

収束半径

$$\sqrt{1+X}=1+\frac{1}{2}X-\frac{1}{8}X^2+\cdots$$
$$=1-\frac{1}{2}x^2-\frac{1}{8}x^4+\cdots$$

(2)　この問題においても，たとえばライプニッツの公式を用いてこれをどんどん微分していくとどんどん項数が増えて収拾がつかなくなってしまう．このように積の形になっている場合は比較的簡単で，各々の展開を求めてそれらをかけ算してやれば，求める展開が得られる．

無限級数の積の展開

$$e^x=1+x+\frac{1}{2}x^2+\frac{1}{3!}x^3+\frac{1}{4}x^4+\cdots$$
$$\sin x=x-\frac{1}{3!}x^3+\frac{1}{5!}x^5-\frac{1}{7!}x^7+\cdots$$
$$e^x\sin x=x+\left\{1+\frac{1}{2!}\right\}x^2+\left\{\frac{1}{2!}-\frac{1}{3!}\right\}x^3+\cdots$$

(3)　この問題は合成関数の形になっているが，(1)と違って中にはいっている関数自身も展開しなければならないわけであるから，整級数のべき乗を計算しなければならない．このような問題では，残念ながら整級数展開の一般項を書き下すことは困難な場合が多く，せいぜい低次の項について書き下すことが関の山である．極限問題などに応用するためであれば，それで十分なことも多い．

$$\log(1+X)=X-\frac{1}{2}X^2+\frac{1}{3}X^3+\cdots$$
$$\sin x=x-\frac{1}{3!}x^3+\frac{1}{5!}x^5-\cdots$$

であり，下の式を上に $X=\sin x$ として代入する．ここで，$x\to 0$ のときに $X\to 0$ となることに注意しよう．

無理級数のべき乗

$$\log(1+\sin x)=\left\{x-\frac{1}{3!}x^3+\cdots\right\}-\left\{x-\frac{1}{3!}x^3+\cdots\right\}^2+\left\{x-\frac{1}{3!}x^3+\cdots\right\}^3+\cdots$$
$$=x-x^2+\left\{1-\frac{1}{3!}\right\}x^3+\cdots$$

となる．厳密には無限小に関するランダウの記号を使ってかくべきであろう． 終り

問 4.3 次の関数のマクローリン展開を，指定した項数まで計算せよ．

(1) e^{-2x^2+1} （$2n$ 次） (2) $\tan x$ （4次）

(3) $\dfrac{1}{\sqrt{1+e^x}}$ （3次）

まともにやるとうまく行かないマクローリン展開には，もう一つの手法がある．それは微分方程式を出発点にするものである．

$y^{(n)}$ は大変

例題 5 $y=\mathrm{Tan}^{-1}x$ とする．

(1) $(1+x^2)y^{(n+2)}+2(n+1)xy^{(n+1)}+n(n+1)y^{(n)}=0$ を示せ．ただし，n は自然数とする．

(2) y のマクローリン展開を求めよ．

解説　(1)　これは，(2)のヒントである．$y'=\dfrac{1}{1+x^2}$ を思いだそう．ここで計算を易しくするため，分母を払うと，$(1+x^2)y'=1$ となる．そこで，この両辺を，$n+1$ 回微分する．左辺は積の形であり，このような場合にライプニッツの公式が生きる．

ライプニッツの公式の適用例

$$(1+x^2)y^{(n+2)}+(n+1)(2x)y^{(n+1)}+\frac{(n+1)n}{2}2y^{(n)}=0$$

となり，これを整理して，上の式を得る．

(2)　マクローリン展開に必要なのは，$x=0$ における値だけだから，(1)の式において $x=0$ とおくと，

簡単な漸化式

$$y^{(n+2)}(0)=-n(n+1)y^{(n)}(0)$$

となる．これは数列 $y^{(n)}(0)$ に関する漸化式であり，初期値は $y(0)=0$，$y'(0)=1$ によって与えられている．従って，

$$y^{(2n)}(0)=0 \qquad y^{(2n+1)}=(-1)^n(2n)!$$

となる．従って，

$$\mathrm{Tan}^{-1}x=\sum_{n=0}^{\infty}(-1)^n\frac{n}{(2n+1)}x^{2n+1}$$

がわかる．　終り

この答えをよくみれば，ここでやっていることは，

$$y=\sum_{n=0}^{\infty}a_nx^n$$

とおいて未定係数法で a_n を求める計算と同じであることがわかる．　終り

問 4.4　$y=\mathrm{Sin}^{-1}x$ を上の方法によって，マクローリン展開せよ．

4　近似多項式と不定型の極限

近似 n 次式を考えることの応用の一つとして，不定形の極限を求める例題を一つ挙げておこう．

分子の3階微分は大変

例題 6　$\displaystyle\lim_{x\to 0}\frac{\cos x-\sqrt{1-x^2}}{x^4}$ を計算せよ．

解説　この問題の場合，$\cos x$ と $\sqrt{1-x^2}$ をそれぞれ $x=0$ の近くで，4次までマクローリン展開して，分子の近似4次式を作ると直ちに計算できる．$\cos x$ についてはよく知られている公式によればすぐにわかり，$\sqrt{1-x^2}$ については，例題 4 の方法によればよい．

ランダウの記号

$$\cos x-\sqrt{1-x^2}=1-\frac{1}{2}x^2+\frac{1}{24}x^4-1+\frac{1}{2}x^2+\frac{1}{8}x^4+o(x^4)$$
$$=\frac{1}{6}x^4+o(x^4)$$

となるから，極限は $\frac{1}{6}$ である．　終り

問 4.5　次の不定型の極限を求めよ．

(1)　$\displaystyle\lim_{x\to 0}\frac{e^x-\left(1+x+\frac{x^2}{2}+\frac{x^3}{6}\right)}{x^4}$

(2)　$\displaystyle\lim_{x\to 0}\frac{\log(1+x^2)-x\sin x}{x^4}$

不定形の極限の問題は，通常はロピタルの定理が用いられる．これは全く無反省に計算だけしていけば極限値が求められるという意味で，非常に便利なものではあるが，計算してみないと結果がわからないという意味で，あまり見通しの良い方法ではない．教育的に好ましくないとする方も多い．上にあげたテイラー方式だと，結果が目に見えてくることと，どうしてそのような数値が現われたかが一目瞭然となる利点があり，好む人には大い

に好まれているようである．ついでに言えば，問題を作る側からみるとテイラー方式は不可欠である．

数学の理論的な面とか，三角関数，指数関数，対数関数などの初等関数の性質を深く調べる際には，テイラー展開またはその特殊な例であるマクローリン展開が非常に重要である．展開公式の良いところは，それが無限級数ながら完全な等式であり，多項式のテイラー展開の自然な拡張になっていることである．すなわち，1章で出てきた複素関数の整級数展開を与えているからである．

数学的自然性の表現

ただ，どのような関数もテイラー展開できるというものではなく，まず何回でも微分できなければならないことはもちろんのことであるが，それだけでも不十分であり，展開できるものを解析関数と呼んでいる．解析関数は我々が通常知っているあらゆる関数を含んでおり，数学が持っている自然性の表現であると主張する人もいるぐらいである．

第5章　変数を増やしてみよう

多変数の微分も単なる偏微分計算から一歩踏み込んで線形近似と考えれば，一変数と同じ形でとらえることができる．記述には線型代数のことばが必要になり，逆に多変数の微分は線型代数の理解を深める格好の例である．

また，多変数関数の理解には，コンピュータによるグラフィックスが極めて有効である．二変数関数の美しいグラフを見てほしい．

今回は2つ以上の変数を持つような関数について考えたいと思う．高校の微積分などで学んできたのは，通常あくまで1変数の関数だけであった．この場合には関数は平面上のグラフと対応していて，微分の意味など非常にわかりやすい．そのような事情から，高校までの微分積分学では，かならずしも内容をしっかりと理解できていなくても，受験問題等を解くことが十分可能であった．別の言葉で言えば微積分といえども，代数とか，さらには他の分野の学問とも，あまり変わりが無かったのである．

しかし，大学にはいるともうそうは言っていられない．なぜならば自然現象，社会現象などを考えてみれば，変数が1つだけの関数でことがすむなどということはめったにない．例えば波動を考えてみると，各時間毎に波の形をしたものが伝わっていくわけであるから，位置と時間の両方が，変数として必要である．また，工場で物を生産するときに，材料などがただ一つですむことは，ほとんど無いだろう．

1変数ではすまない

さて，多変数の関数と言われるものの中でもっとも基本的なものが，実は線形写像であり，言ってみれば行列のことである．話を線形な写像に限定すれば，立ち入ったこともわかるので，これは線形代数として独立して，扱われることになっているのは御存じのとおりである．微積分の方では，真っ直ぐでない関数を扱わなければならないのであり，実は，線形代数の基本的なことが分っていないと，困ったことになる．

線形代数は最も簡単な多変数

1　二変数の極限

さて，二変数の関数で新しく出てくることについて，色々見ていくことにしよう．代数的に見れば，変数の数が増えているだけだが，極限などというものを取り扱おうとすると，とたんに難しいことになる．

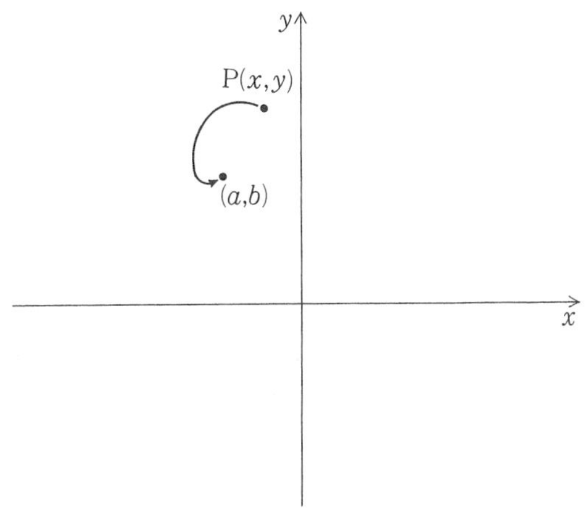

図14　(x, y) が (a, b) に近付く

距離

(x, y) が (a, b) に近づくということは，$d=\sqrt{(x-a)^2+(y-b)^2}$ とするときに，$d \to 0$ となることである．近付く角度などについては何もいっていないので，非常に自由度が大きい．ここで注意しなければならないのは，2変数の極限と，一変数の極限の繰返しとは，意味が異なってくることである．

まぎらわしいがすべて異なる

例題 1　次の3つの極限を調べてみよ．

$$\lim_{(x,y)\to(0,0)} \frac{x^2-y^2}{x^2+y^2}$$

$$\lim_{x\to 0}\left\{\lim_{y\to 0}\frac{x^2-y^2}{x^2+y^2}\right\}$$

$$\lim_{y\to 0}\left\{\lim_{x\to 0}\frac{x^2-y^2}{x^2+y^2}\right\}$$

解説　2変数の極限では，極座標を用いるのがわかりやすい．すなわち，$x=r\cos\theta$，$y=r\sin\theta$ とおいてやると，上の極限を考える場合，$r \to 0$ としてよい．すなわち，$\lim_{r \to 0} \cos 2\theta$ となり，この値は θ によって変ってくるから，原点に近付くときに角度によって違う値に近付いてしまう．よって極限値は存在しない．

2番目をみてみよう．最初に $y \to 0$ とするときには，$x \neq 0$ となっている．従って，かっこのなかの極限は，x の値に無関係に，1になるから，この繰返し極限値は1である．3番目は，先に x の極限の方を考えるわけだが，こんどは -1 になってしまう．　終り

極限が多いと難しい

この問題の関数の場合には，繰返し極限の方は値が存在して順番によって値が異なり，本来の2変数の極限としては存在しないことになる．実は，さらに2変数の極限としては存在しても，繰返し極限値が存在しなくなるような例も作ることができる．

2変数の関数の極限を考える場合の難点は，主としてここにある．微積分の色々な場面に出てくる微妙な点，すなわち偏微分の順序の交換，重積分の積分順序の交換，微分と積分の順序の交換，広義積分，無限級数の項別微積分など，難しそうな問題のまさに難しい部分は，全てこの部分の問題なのである．

問 5.1　次の極限を調べよ．

(1)　$\displaystyle \lim_{(x,y)\to(0,0)} \frac{x^4+y^4}{x^2+y^2}$

(2)　$\displaystyle \lim_{(x,y)\to(0,0)} \frac{x^2-xy+y^2}{x^2+xy+y^2}$

例題 1の解説でかいたのは，数学的な証明だが，次にこの関数のグラフをコンピュータの3次元グラフでかかせて，次に入れておこう．これをみれば原点付近の関数の様子がわかると思う．

原点のところに注意

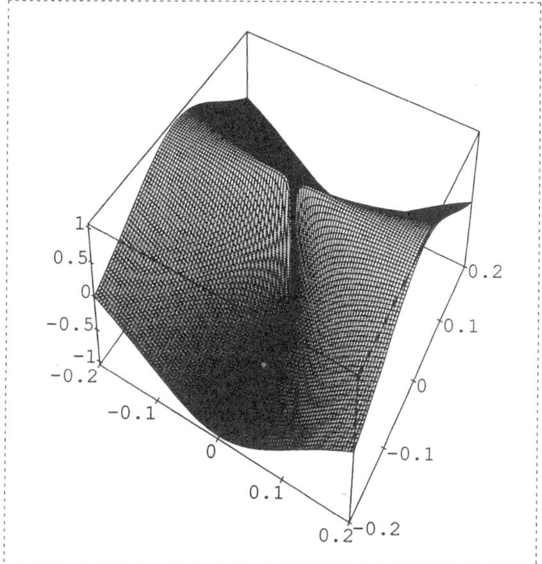

図15 マセマティカによるグラフ

$$z=\frac{x^2-y^2}{x^2+y^2}$$

$$-0.2\leq x\leq 0.2$$

$$-0.2\leq y\leq 0.2$$

さらに，原点に向かってどのような直線に添って近づけても一定の極限値を持ち，しかも2変数の関数と考えると極限の無い例など容易に作ることができる．ただ，あまり病的な例に深入りすることは数学科などに行かない普通の学生諸君にとってあまり楽しいことではないだろうから，省略しよう．

2 二変数の微分

次に，変数が二つになった場合に，微分の概念について考えてみよう．1変数の一般化として一番最初に出てきて，しかも自然な概念が偏微分である．実は，高校数

偏微分

学でも，2変数の2次式の最大最小を考えるときには，偏微分の考え方を実行していたようである．例えば，$f(x,y)=x^2+2xy+2x+2y^2+2y+1$ のような関数の最小値を求めるとき，まず変数 x だけに注目して y は定数と思い，最小値を求めると y の関数になるので，そのまた最小値を求めればよい．偏微分するとは，2変数の関数 $f(x,y)$ を x だけの関数と考えて微分することなのであるから，概念としては上の問題と同じで単純である．

2変数を同時にあつかうことは難しい

偏導関数をさらに x または y について繰返して偏微分していくこともできる．これらは1変数の場合と同様に，高階導関数と呼ばれ，偏微分する順番にはよらないが，一変数の場合とは違って n 階偏導関数は $n+1$ 個あることに注意しておこう．1変数の高階導関数の計算については，ライプニッツの公式があって組織的な計算が可能であったが，2変数以上では，うまい公式はないようである．

例題 2　(1)　f_x，f_y，f_{xx}，f_{xy} を求めよ．

$$f(x,y)=\mathrm{Tan}^{-1}(\sqrt{x^2-y})$$

(2)　$$f(x,y)=\begin{cases}\dfrac{xy(x^2-y^2)}{x^2+y^2} & (x,y)\neq(0,0)\\ 0 & (x,y)=(0,0)\end{cases}$$

とするとき，$f_x(0,0)$，$f_{xy}(0,0)$，$f_{yx}(0,0)$ を求めよ．

解説　(1)　何の変哲も無い問題であるが，教養部でテストをやってみると，よく間違ってくれる問題である．特に f_{xy} の場合に，注目している変数を取違えないことである．単純な計算問題だから，f_{xy} のみ答えを記す．

頭が混乱しないように

$$f_{xy}=\frac{x}{\sqrt{x^2-y}\,(1+x^2-y)^2}+\frac{x}{2(x^2-y)^{3/2}(1+x^2-y)}$$

(2)　この関数は，原点とそれ以外では表示が異なるので，注意しなければならない．従って，これらの偏微分係数は，厳密に定義に従って，計算しなければならない．

$$f_x(0,0)=\lim_{h\to 0}\frac{f(h,0)-f(0,0)}{h}$$

である．定義式から，$y=0$ であれば $f(x,y)=0$ であるから，$f_x(0,0)=0$ となる．次に，$f_{xy}(0,0)$ を計算する．

$$f_{xy}(0,0)=\lim_{h\to 0}\frac{f_x(0,h)-f_x(0,0)}{h}$$

である．今度は，$f_x(0,h)$ も必要となる．

定義の運用

$$\begin{aligned} f_x(0,h)&=\lim_{k\to 0}\frac{f(h,k)-f(h,0)}{k}\\ &=\lim_{k\to 0}\frac{h(h^2-k^2)}{h^2+k^2}\\ &=h \end{aligned}$$

である．これを上の式に代入して，$f_{xy}(0,0)=1$ を得る．f_{yx} については，x と y を入替えた計算を行なえばよく，$f_{yx}(0,0)=-1$ を得る，f_{xy} と f_{yx} が一致しないことに注意．　終り

問 5.2　例 題 **2** (2)の関数で，f_{xy} が $(0,0)$ において連続でないことを直接示せ．

もし，f_{xy}，f_{yx} が連続であればこれらは一致してしまうので，背理法で二次偏導関数の不連続性はわかるのではあるが．

各変数に〝偏った〟微分

さて，1変数の微分のところで述べたことを思いだそう．偏導関数は，計算も概念も簡単であるが，果たして本当に1変数の微分の概念の拡張になっているのだろうか．偏微分するということは，二つの変数を全くばらばらに考えているということになるので，どんな関数でも偏微分だけでうまく扱えるというものではない．

1変数の場合には，微分することと接線を引くことは同じ意味であった．2変数でそれに対応するのは，曲面に接平面を作ることであると思える．なお，$f(x,y)$ の

接平面は2方向で決まる

$(x, y)=(a, b)$ における接平面が $z=A(x-a)+B(y-b)$ であるとは，

$$f(x, y)=f(a, b)+A(x-a)+B(y-b)+v(x, y)$$

$$\lim_{(x,y)\to(a,b)}\frac{v(x, y)}{\sqrt{(x-a)^2+(y-b)^2}}=0$$

となっていることである．御覧のように，1変数のところの例題の2変数への拡張になっている．

さて，次の例題中の関数を理論とパソコンによる実験の両面から考えてみよう．

例題 3　次の関数の原点における偏微分係数を求めよ．さらに，原点で接平面が作れるかどうか調べよ．

病的な例

$$f(x, y)=\begin{cases}\dfrac{xy}{\sqrt{x^2+y^2}} & (x, y)\neq(0, 0)\\ 0 & (x, y)=(0, 0)\end{cases}$$

解説　$x\neq0$，$y=0$ とすると，$f(x, y)=0$ であり，また逆に $x=0$，$y\neq0$ としても $f(x, y)=0$ である．このことを用いて，偏微分係数の定義式より，$f_y(0, 0)=0$，$f_x(0, 0)=0$ となることがわかる．さらに，この関数は原点では連続であるから，接平面が存在しても不思議ではないが，果たしてどうだろうか．二つの偏微分係数が共に0になるのだから，接平面の候補は当然 $z=0$ である．従って，$f(x, y)$ 自身が，x，y の1次関数よりも速く0に行かなければならない．ところが，$\lim_{(x,y)\to(0,0)}\dfrac{f(x, y)}{\sqrt{x^2+y^2}}$ を考えると，$\lim_{r\to0}\sin\theta\cos\theta$ となって，極限値は存在しないことがわかる．すなわち，接平面は作れないのである．　終り

問 5.3　次の関数が原点において接平面を有するかどうか調べよ．

$$f(x,y)=\begin{cases}\dfrac{8xy(x^2-y^2)(x^4-8x^2y^2+y^4)}{(x^2+y^2)^{7/2}} & (x,y)\neq 0\\ 0 & (x,y)=0\end{cases}$$

例題 3 および 問 5.3 の関数の原点の近くの様子をグラフにかくと次のようになる．少し注意してみないとわからないが，関数が原点の回りでばたばたしていて決して一つの平面には接することができない様子が，うかがえるであろう．

少しわかりにくいが

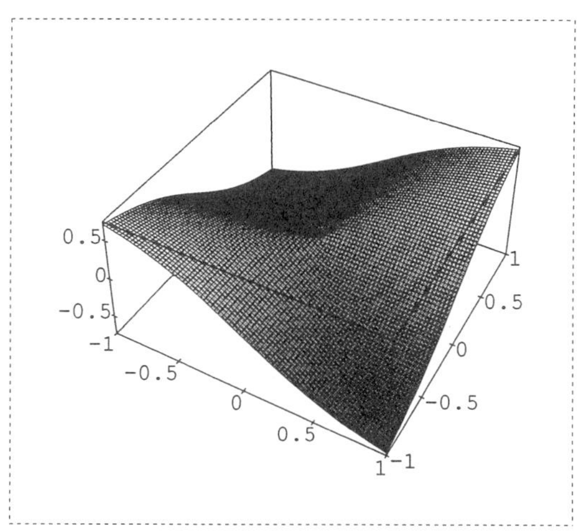

図16　マセマティカによるグラフ

$$z=\frac{xy}{\sqrt{x^2+y^2}}$$
$$-1\leqq x\leqq 1$$
$$-1\leqq y\leqq 1$$

わかりやすい

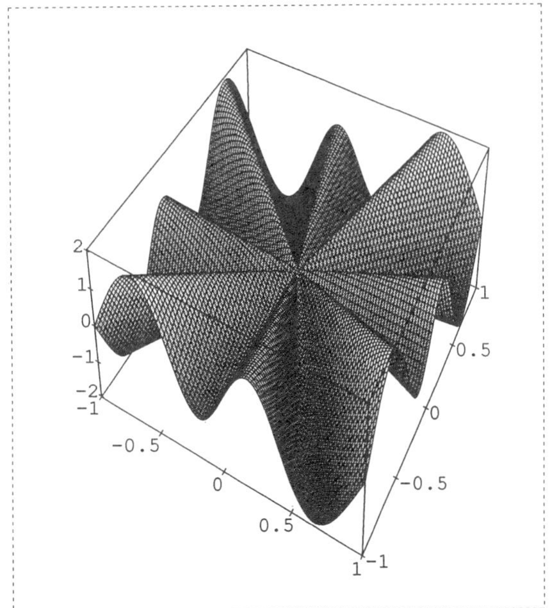

図17　マセマティカによるグラフ

$$z=\frac{8xy(x^2-y^2)(x^4-8x^2y^2+y^4)}{(x^2+y^2)^{\frac{7}{2}}}$$

$$-1\leqq x\leqq 1$$

$$-1\leqq y\leqq 1$$

2変数の微分可能性

偏微分できるだけではなく，接平面まで存在する条件を，全微分可能であるという．実際にはこれが1変数の微分可能性に対応するものである．よく知られている十分条件は，f_x，f_y の連続性であるが，これに該当しないような例を作ることも容易にできる．すなわち，微分可能だが C^1 級でないような1変数の関数を z 軸のまわりに回転させればよい．

通常現われる関数の普通の点では常に全微分可能であるから，あまり気にすることもないが，上のように色々と変わったところのグラフを描かせてみるのも，数学実験として興味深いだろう．特に2変数の3次元のグラフというものはなかなか頭に思い浮かべにくいものであるから，教育的に大きな効果が期待できるのではないかと思っている．

3　合成関数の微分公式

次のテーマに移る．特に理工系の大学生諸君にとって，偏微分の教程で最も基本的でかつ重要なのは，合成関数の微分法である．$x=x(u,v)$，$y=y(u,v)$ としよう．公式は次の通り．

行列とベクトルでかいてみよう

$$\frac{\partial f}{\partial u}=\frac{\partial x}{\partial u}\frac{\partial f}{\partial x}+\frac{\partial y}{\partial u}\frac{\partial f}{\partial y}$$
$$\frac{\partial f}{\partial v}=\frac{\partial x}{\partial v}\frac{\partial f}{\partial x}+\frac{\partial y}{\partial v}\frac{\partial f}{\partial y}$$

ごちゃごちゃしているようだが，よく見ると行列とベクトルの積の公式とおなじことである．2変数関数として微分することは，前にみたように，真っ直ぐでない関数をある点の近くでは真っ直ぐな関数と思うことであるから，合成した関数は，その点の近くでは，線型写像すなわち行列の計算に従うことになる．

このように，任意の関数をあたかも線形な関数であるかのように思うやり方は，重積分の変数変換でヤコビアンが出てくることを理解するためにも重要である．このことはあとの章で触れるだろう．

例題 4　(1)　2次元と3次元のラプラシアン Δ を極座標を用いて書換えよ．

(2)　次の関数 f，g に対して，Δf，Δg を計算せよ．

x，y 変数では大変

(a)　$f(x,y)=\mathrm{Tan}^{-1}\dfrac{y}{x}$

(b)　$g(x,y,z)=\dfrac{1}{\sqrt{x^2+y^2+z^2}}$

解説　ラプラシアンとは物理で特に重要なものであり，2次元の場合には平面上の物理現象に対応し，関数

$f(x,\ y)$ に対して，$\dfrac{\partial^2 f}{\partial x^2}+\dfrac{\partial^2 f}{\partial y^2}$ を与えるものである．これは，1つの電子の回りの電磁ポテンシャルを記述するために用いられ，物理的な状況はしばしば回転対称なのだが，ラプラシアンも，座標軸の回転に対して不変である．だから，直交座標で考えるよりも，極座標で考える方が問題に即していることが多い．そのためには上の式を極座標を用いて書き直すことを迫られる．さらに，実用的な問題以外にも，この計算が自由にできれば偏微分の変数変換はほぼマスターしたことになるので，とりあげてみたい．

具体的に検証してみよう

変数を $x=r\cos\theta$，$y=r\sin\theta$ と変換してやると，

$$\frac{\partial z}{\partial x}=\cos\theta z_r-\frac{\sin\theta}{r}z_\theta$$

$$\frac{\partial z}{\partial y}=\sin\theta z_r+\frac{\cos\theta}{r}z_\theta$$

となる．この式はよくでてくるので，理工系の人は必ず導けるように，あるいは覚えておくようにしておこう．

後は原理的にこれらの式を繰り返し適用して行くだけである．ただ，気を付けなければならないことは，上のふたつの式は x, y の関数 z として，何を持ってきても成立つ式だということである．だから，

f_r，f_θ の係数は関数である

$$\begin{aligned}\frac{\partial^2 f}{\partial x^2}&=\frac{\partial}{\partial x}\frac{\partial f}{\partial x}\\&=\cos\theta\frac{\partial}{\partial r}\frac{\partial f}{\partial x}-\frac{\sin\theta}{r}\frac{\partial}{\partial\theta}\frac{\partial f}{\partial x}\\&=\cos\theta\frac{\partial}{\partial r}\left(\cos\theta f_r-\frac{\sin\theta}{r}f_\theta\right)\\&\quad-\frac{\sin\theta}{r}\frac{\partial}{\partial\theta}\left(\cos\theta z_r-\frac{\sin\theta}{r}z_\theta\right)\end{aligned}$$

となる．これは，上の変換式の機械的な繰り返しである．この形で既に全体が r，θ によって表わされてしまっているから，後はこれを積の微分公式だけをもちいて丁寧

に展開して行けばよい．以上で，$\dfrac{\partial^2 f}{\partial x^2}$ に関する計算は終了する．

手抜きのススメ

読者諸君は果たして $\dfrac{\partial^2 f}{\partial y^2}$ の計算も一から同じように繰返していくのだろうか．そのようなことは無駄であるから，なるべくさぼるようにしましょう．x を y に入替えるためにしなければならないことは，θ を $\pi/2-\theta$ におき換えることである．そのとき，$\dfrac{\partial}{\partial\theta}$ が $-\dfrac{\partial}{\partial\theta}$ に変ることにだけ注意すれば，$\dfrac{\partial^2 f}{\partial x^2}$ の式から，$\dfrac{\partial^2 f}{\partial y^2}$ の式を得ることができる．ふたつの式をたしてあわせると，

$$\frac{\partial^2 f}{\partial x^2}+\frac{\partial^2 f}{\partial y^2}=\frac{\partial^2 f}{\partial r^2}+\frac{1}{r}\frac{\partial f}{\partial r}+\frac{1}{r^2}\frac{\partial^2 f}{\partial \theta^2}$$

という比較的きれいな式が得られる．

直接計算してもよい

物理の問題で，有名なのは3変数のラプラシアンである．上の2変数の変換式を繰り返し使うことによって，無駄な計算をくりかえすことなく求めることができる．まず，

$$x=r\sin\theta\cos\phi\,,\qquad y=r\sin\theta\sin\phi\,,\qquad z=r\cos\theta$$

が3変数の極座標であり，θ, ϕ は緯度と経度に対応している．

円柱座標

まず，中間的に $x=\rho\cos\phi$, $y=\rho\sin\phi$, $z=z$ と変数変換をする．そうすると，z の部分は変化しないから，

$$\Delta f=\frac{\partial^2 f}{\partial \rho^2}+\frac{1}{\rho}\frac{\partial f}{\partial \rho}+\frac{1}{\rho^2}\frac{\partial^2 f}{\partial \phi^2}+\frac{\partial^2 f}{\partial z^2}$$

となる．次に，$z=r\cos\theta$, $\rho=r\sin\theta$, $\phi=\phi$ と変換すると，目的を達したことになる．まず，

$$\frac{\partial^2 f}{\partial z^2}+\frac{\partial^2 f}{\partial \rho^2}=\frac{\partial^2 f}{\partial r^2}+\frac{1}{r}\frac{\partial f}{\partial r}+\frac{1}{r^2}\frac{\partial^2 f}{\partial \phi^2}$$

である．さらに，

$$\frac{\partial f}{\partial \rho}=\sin\theta\frac{\partial f}{\partial r}+\frac{\cos\theta}{r}\frac{\partial f}{\partial \theta}$$

であることなどを全て代入すると，

$$\Delta f=\frac{\partial^2 f}{\partial r^2}+\frac{2}{r}\frac{\partial f}{\partial r}+\frac{1}{r^2}\left\{\frac{\partial^2 f}{\partial \theta^2}+\tan\theta\frac{\partial f}{\partial \theta}+\frac{1}{\sin^2\theta}\frac{\partial^2 f}{\partial \phi^2}\right\}$$

ϕ は簡単

となって，求める表示を得る．θ は緯度にあたるので，経度よりもややこしくなっている．

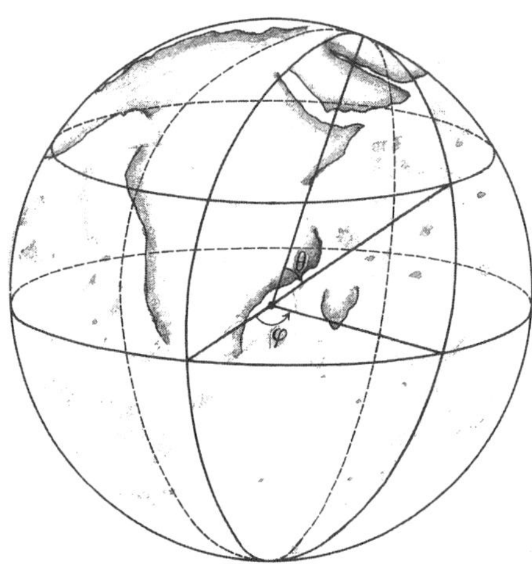

図18　地球の表面の絵

(2)　これは，(1)の応用である．xy 座標でかかれているが，そのままで計算するとややこしい．ここにかいてある関数は皆極座標でかくと簡単になるものばかりである．
$f=\theta$，$g=\dfrac{1}{r}$ となる．

一変数の微分問題になる

$$\Delta f=\frac{d^2 f}{d\theta^2}=0$$

$$\Delta g=\frac{d^2 f}{dr^2}+\frac{2}{r}\frac{df}{dr}$$
$$=0$$

どちらもプラシアンをかけると0になる．このような関数は調和関数と呼ばれている．特にgの方は物理で重要である．　終り

問 5.4　(1)　$x=r\cosh t,\ y=r\sinh t$ によって，次の式を変数変換せよ．

タランベリアン

$$\frac{\partial^2 f}{\partial x^2}-\frac{\partial^2 f}{\partial y^2}$$

(2)　n次元のラプラシアンをn次元極座標変換によって書換える手順を示せ．

4　極値など

変数がいくつであろうと，微分することは曲がった関数を真っ直ぐな関数，即ち一次関数で近似することであった．従って一変数の場合と同様に，二次以上の関数で近似することも考えたくなる．これはもちろんテイラーの定理，テイラー展開などである．もちろん，教科書などによく取り上げられているが，一変数の場合と違って，3次以上の項までを使用して問題に応用することは滅多にない．その理由は実際に使ってみればわかることではあるが，一変数の場合にはn次の同次式は，ax^nと，単項式になってしまって，符号などの判定も非常に簡単であるが，二変数でも三次以上の同次多項式の性質は，非常に難しい．$x^3-3x^2y+y^3$ など，実際にどのような関数であるか，わかりにくいものである．

三次形式は線型代数にならない

従って高次の項は計算して求めてみても，実際の役にたたないことが多いようであるが，二次形式は線形代数を用いてよくわかっているから，二次の項までは極値問題によく使われることになる．二次形式に関することも巻末に線型代数にかかわることとしてまとめてある．

例題 5　(1)　原点の回りで二次の項までテイラー展開せよ．

$$f(x, y)=\mathrm{Tan}^{-1}(x+\sqrt{y^2+1}+1)$$

(2)　原点の回りで，適当な項までテイラー展開せよ．

$$f(x, y)=e^x \sin y$$

解説　(1)　公式に従って f_x，f_y，f_{xx}，f_{xy}，f_{yy} を計算して行けば必ず答えに到達する．答えは，

$$\mathrm{Tan}^{-1}2+\frac{1}{5}x+\frac{y^2}{10}-\frac{2}{25}x^2+\cdots$$

である．しかしながら，この調子で3次，4次の項まで計算して行くのは，とても気が進まない．実は，種をあかせば，上の答えは計算機（この場合にはマセマティカに処理させた計算結果から，最初の数項をつまみぐいしたものである．

コマンド一発

(2)　こちらの方は，2変数のテイラー展開の公式を使う必要はない．

$$e^x=1+x+\frac{1}{2}x^2+\frac{1}{3!}x^3+\cdots$$

$$\sin y=y-\frac{1}{3!}y^3+\frac{1}{5!}y^5+\cdots$$

の二つを掛合わせればよい．これらの級数の絶対収束性と，テイラー展開の一意性からこのようなことをやってもよいことがわかる．

$$e^x \sin y=y-xy-\frac{1}{2}x^2y-\frac{1}{6}y^3-\frac{1}{6}y^4+\cdots$$

である．　終り

問 5.5　次の関数を $(0, 0)$ の近くで低い次数のところだけテイラー展開せよ．

(1)　$f(x, y)=\cos(2x+y)$

(2)　$f(x, y)=\mathrm{Tan}^{-1}\left(\dfrac{x-y}{1+xy}\right)$

公式を使うと大変

二変数でも極値問題は重要である．ある点において，一階偏導関数は消えているとすると，一変数の場合には極値を持たない場合は特殊な状況であったが，(極値を持つ場合が generic などと数学者はよぶ) 二変数になると，極値を持たない状況が積極的に現われてくる．これは鞍点とよばれるものであり，一変数では全く縁のなかったものである．

極値を取るか否かは，ヘッシアンと呼ばれる実対称行列

二次形式の符号問題

$$\begin{pmatrix} f_{xx} & f_{xy} & f_{xz} \\ f_{yx} & f_{yy} & f_{yz} \\ f_{zx} & f_{yx} & f_{yz} \end{pmatrix}$$

（これは 3 変数の場合）が定符号になるかどうかで判定されるので，変数の数が増えてくると，定符号になるのは次第に稀になってきてしまう．

ここで鞍点の様子をグラフでかいておこう．典型的な例が，$f(x,y)=x^2-y^2$ の $(x,y)=(0,0)$ の回りの様子である．(次ページの図19)

二次形式の符号の判定で片付かないような問題は，すぐにわかるような問題を除くと非常に難しくなる．その場合には色々な工夫とか，グラフをかいて子細に検討するなり，ややこしいことである．

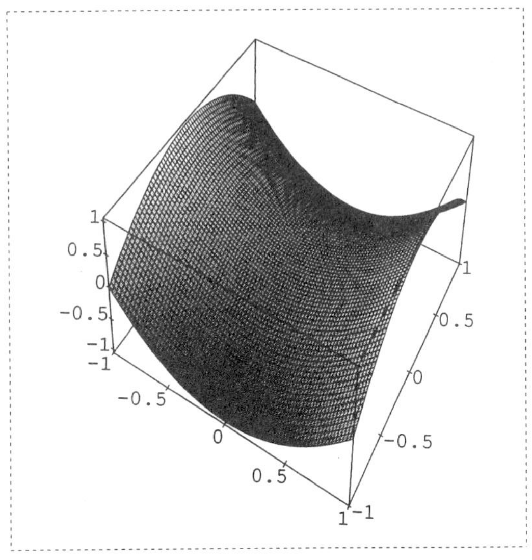

図19　鞍点のマセマティカによるグラフ

$z=x^2-y^2$

$-1 \leqq x \leqq 1$

$-1 \leqq y \leqq 1$

例題 6　次の関数の極値を考察せよ．

異形的な極値問題の例題

(1)　$f(x, y)=x^3-3xy+y^3$

(2)　$f(x, y)=x^3-4x^2y+3xy^2+y^4$　($(x, y)=(0, 0)$ で)

解説　(1)　これは普通の問題であるから，f_x，f_y をそれぞれ計算し，$f_x=0$, $f_y=0$ を連立方程式として解く．解として，$(x, y)=(0, 0)$ と $(x, y)=(1, 1)$ をそれぞれ得る．これらの点で極値を取るかどうかを検証しなければならない．$(x, y)=(1, 1)$ において，$f_{xx}f_{yy}-(f_{xy})^2$ の符号をみると，プラスになっているからこの点で極値を取ることがわかり，f_{xx} の符号が正であるから，極小であることがわかる．$(x, y)=(0, 0)$ では，上の判定法によってもよいが，3次の項が無視できることから，$-3xy$ と思ってよいことがわかる．この関数は原点では極値を取らないことが，容易にわかる．

ヘッシアンはなくなってしまう

(2) この関数は全ての項が3次以上なので，原点においては2階導関数までが全て0になってしまう．従って，通常用いられる方法は全て無効になってしまうことがわかる．その場合には一般的な方法は存在せず，関数に即して調べるしかないが，この場合には，x 軸方向に限定したとき極値でないから，少なくとも $(0,0)$ では極値を取らないことがわかる．逆に，極値を取らないことが簡単に判定できないときは，もっと工夫をこらさなければならないことになる． 終り

問 5.6 次の $f(x,y)$ の極値と，そのときの x,y の値を求めよ．

$$f(x,y)=-2x^3+3x^2y+6xy^2+3y^3+3x^2$$

最後に補足すると，マセマティカは多変数の極値問題のように手順は単純だが計算がやっかいな問題に対しても，強力な道具となり得る．これは数式処理の第一歩である．

第 6 章　変数を増やそう　続編

陰関数定理，条件つき極値問題などは，関数の線形近似と割りきってしまえば，すべて連立線形方程式を解く問題になる．線型代数で習った行列の階級，掃き出し法などが応用の場を得るのである．

陰関数のグラフ，等高線などがコンピュータで手軽にかけるのもありがたい．これだけではないが，コンピュータの数学教育における役割が増えていくだろう．

前回では関数の変数を二つに増やしてみた．今回はこれについて，もっと立ち入ったことを考えてみよう．ただし，今回もまた，微分に関することである．

1　陰関数定理

まず，陰関数定理に関することに触れてみたい．x の関数 y を 2 変数の関数 F により，$F(x, y)=0$ という式によって与えるものである．陰関数というと，いささか暗そうで名前はよくないが，昔から使われているものなので仕方がない．最も単純な例は，直線の方程式の x と y に対称な形でかいた式，$ax+by+c=0$ である．$y=px+q$ の形に比べて，この形の方が，あらゆる直線を表すことができるというメリットはある．別の見方をすれば，当たり前のことではあるが平面の方程式 $z=ax+by+c$ の $z=0$ による切り口が，直線になっていることに，注意しよう．平面を表す関数が真っ直ぐ（線型というが）であることが，切り口である直線が真っ直ぐになることにストレートに反映している．

$x=r$ の形が困る

もっと一般の関数においても，$F(x, y)=0$ の形から $y=f(x)$ の形に表すことが有利であるとは限らない．例えば，円周の方程式を考えると，$y=\sqrt{a^2-x^2}$ は無理関数であり，あまりわかりやすいとは言えないが，$x^2+y^2=a^2$ の形はピタゴラスの定理そのものであり，非常にきれいで納得しやすい．

上の例では，必要があれば y について解けるが，$y+\sin y+x^2-ex+1=0$ などという方程式は，y についても x についても，厳密に解いて書き表すことは，全く不可能である．しかしながら，たとえば x を固定してみれば，y に関する方程式であり，これが実数解を持つことは，中間値の定理を用いて，高校生でも容易に証明することができる．

意図的な例だが

その意味で，y は x の関数であると考えることができる．ただ，この場合に二つの問題点がある．まず一つは，

x の値によっては，方程式の解である y の値がただ一つとは限らないことであり，もう一つの問題点はそれをうまくクリアーしたとして，出てきた x の関数 y の性質が（かけないのだから）よくわからないことである．x の値が違えば y についての全く別の方程式になるわけである．しかし，例えば $x^2+y^2-a^2=0$ など，厳密に解ける場合には，解は係数のよい関数によって表されているので，x の変動に対して，y は非常によい性質を持っている．例えば最初の挙げた直線の場合，y は x の一次式で表されている．このような状況が一般にも成立しているというのが次の陰関数定理である．

y は x で微分できるだろうか

定理　$f(x,y)=0$ の f が連続で，f_y も連続であるとする．$f_y(x_0,y_0)\neq 0$ と $f(x_0,y_0)=0$ を満たしている点 (x_0,y_0) の近くで，上の方程式を満たしている $y=f(x)$ が存在して，しかも微分可能な関数である．さらに，導関数は

3 変数以上でもなりたつ

$$\frac{dy}{dx}=-\frac{f_x(x,y)}{f_y(x,y)}$$

によって与えられる．

この定理の証明をやったり，理論的に応用したりすることは一般の学生諸君にとって，まず必要ないであろう．むしろ応用上重要なのは，後ろの導関数の公式の方であろう．

例題 1　x，y が $y+\sin y+x^2-ex+1=0$ を満たしているときに，$\dfrac{dy}{dx}$ を求めよ．

解説　$f(x,y)=y+\sin y+x^2-ex+1$ とおくと，$f_x=2x-e$，$f_y=1+\cos y$ である．従って，

$$\frac{dy}{dx}=-\frac{2x-e}{1+\cos y}$$

となる．陰関数 y の形がわからないのに，導関数の方だけは求められたような気がするところであるが，実際には y が求まらない限り，$\dfrac{dy}{dx}$ を x だけで表わすことはできないのであるので，誤解の無いように．　　終り

変数の数が増えた場合でも，式が一つで偏導関数を求める問題の場合には，関係のない変数は定数とみればよいので，2変数の場合と同じである．

y は定数と思う

問 6.1　次の式において $\dfrac{\partial z}{\partial x}$ を求めよ．

$$x^3+xy-y^2+xz+\sqrt{x+z}=0$$

さて，一階導関数の公式は非常に簡単であった．その理由を考えてみると，2変数の微分の考察を思いだしてみると，狭い範囲では曲面はほとんど平面のように見えるということである．だから y の係数が0であっては困るのである．それでは二階以上の導関数の公式は，どのように導いたらよいのだろうか．

試験のときなど，決して $y''=-\dfrac{f_{xx}}{f_{yy}}$ などというでたらめを書かないように．先生の心証を害して，必要以上に減点されることがある．率直なやり方は次の通り．

ややこしい分数式になる

$y'=-\dfrac{f_x(x,y)}{f_y(x,y)}$ の式を x の関数とみて微分すればよいのであるが，そのときに y が x の関数であることに注意し，y' については，上の公式から代入するのである．これは教科書などにのっているが，これを暗記することは気が進まない．

もっとよい方法がある．$f(x,y)=0$ の両辺を x で微分したものが $f_x(x,y)+f_y(x,y)y'=0$ であるから，さらにこの両辺を x によって微分してみよう．

整式のままですむ

$$f_{xx}+f_{xy}y'+f_{yx}y'+f_{yy}(y')^2+f_yy''=0$$

という式が得られる．これを見ると，y'' は一箇所しか現れず，しかもこれに関しては一次式であるから，y' を公式より代入すれば，y'' が求められることになる．この方法でやれば，解法の方針だけを覚えておけばよいことになり，非常に楽である．よくみると，同じようにして，三階以上の導関数も下から計算していけることがわかる．また，しばしば極値の判定などの場合，$y'=0$ の条件の元で y'' の値を計算する必要があるが，その場合には上の式の中の y' が全て消えてしまうので非常に簡単である．

"y が x の関数であること" が方針

例題 2 $xy^2-x^2y-2=0$ によって定められる陰関数 y の極値を求めよ．

解説 両辺を x の関数とみて微分してみよう．

$$y^2+2xyy'-2xy-x^2y'=0$$

である．$y'=0$ となるのは $y(y-2x)=0$ のときであるが，$y=0$ とすると，元の式が満たされないので，$y=2x$ である．このとき，元の式に代入してみると，$x=1$ のときに極値 $y=2$ が候補となる．さて，最終的に確かにこれが極値であることはどのようにして検証すればよいであろうか．

そのために，上の式の両辺をさらに x の関数とみて微分する．

$$y'(4y+2xy'-4x)+(2xy-x^2)y''-2y=0$$

となる．複雑そうだが，$x=1$，$y=2$ のときには $y'=0$ であることを思いだしてみれば，このとき $y''=4$ であり，正の値であるから，ここで極小であることがわかった．

$x=1$，$y=2$ を代入するのは最後の段階

終り

問 6.2 (1) $x+y+\sin y=0$ によって定まる陰関数 y に関して，$\dfrac{d^2y}{dx^2}$ を求めよ．

(2) $x^4-4xy+y^4=0$ によって定まる陰関数の y の極値

を調べよ．

陰関数についての計算の例題をやったわけだが，コンピュータを使って陰関数のグラフをかくこともできる．マセマティカなどの〝高級〟ソフトではコマンド一つで，またターボ・パスカルなどの通常の言語でも，少しプログラムを組めば可能である．また，現代ではMatlabも有名．

例題 3　次の陰関数のグラフをかいてみよう．

(1)　$x^3-3xy+y^3=0$

(2)　$\log(1+y^2)e^x+y\sqrt{x^2+1}-\cos y=0$

解説　ここでは，マセマティカを用いてかいたグラフをのせておこう．(1)のグラフは次のとおり．

原点でクロスしている

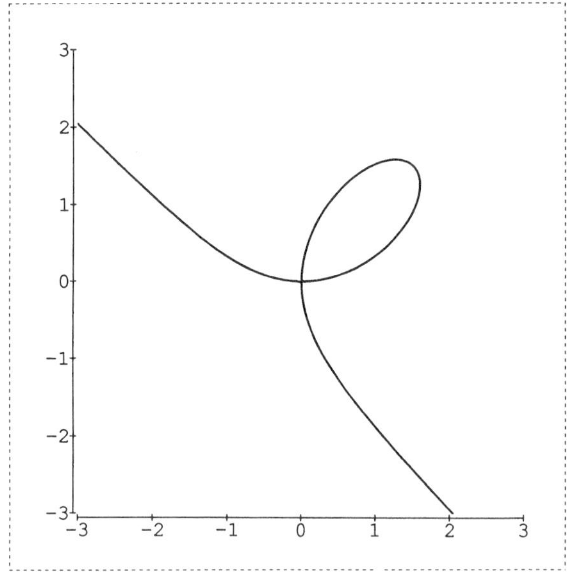

図20　マセマティカによるグラフ
$x^3-3xy+y^3=0$

(2)も同様にして次のグラフを得る．

右端でとがっている

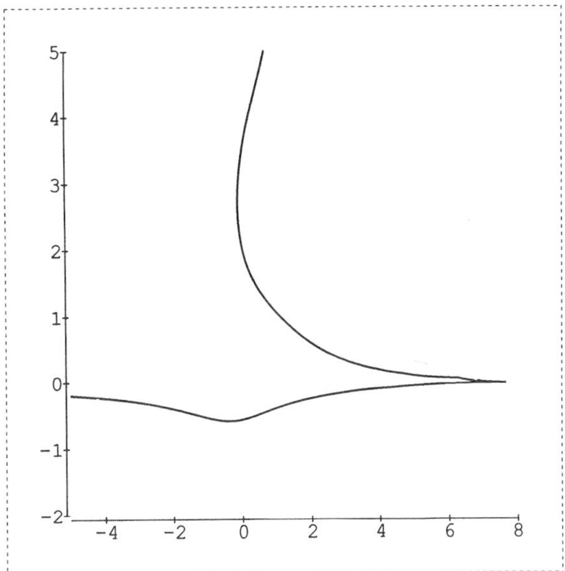

図21 マセマティカによるグラフ
$\log(1+y^2)e^x+\sqrt{x^2+1}\cdot y-\cos y-0$

問 6.3 パソコンで陰関数のグラフをかかせてみよう．

陰関数定理をもっと視覚的にとらえる方法として，個々の陰関数よりも，さらに2変数の関数の等高線をかいて見比べるのがよいだろう．これをみると，2変数の関数の挙動が直接に陰関数の挙動に影響する様子が，手にとるようにわかる．また，$f_x=0$，$f_y=0$ となって，陰関数定理が必ずしもうまく適用できないところの状態もみることができる．

特異点

例 題 4 等高線をかいてみよう．

(1) $x^3-3xy+y^3$

(2) x^2y-y^2-2

解 説 (1) 等高線は次のとおり．

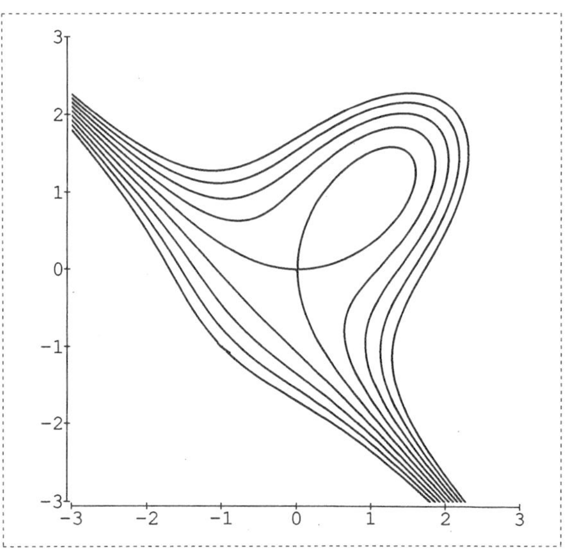

図22　マセマティカによる等高線グラフ
$x^3-3xy+y^3=C$

(2)についても次のとおりである。

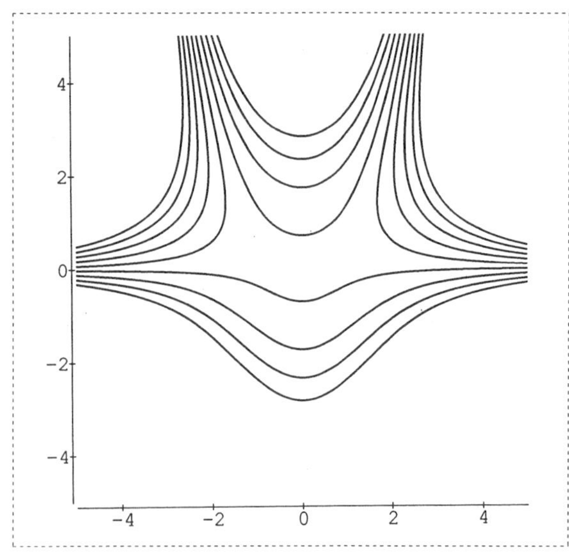

図23　マセマティカによる等高線グラフ
$x^2y-y^2-2=C$ の等高線

2　条件付き極値問題

さて，陰関数定理の顕著な応用として，条件つき極値問題というものがある．これは，通常の極値問題においては全ての変数が自由に動き得るのに対して，２つ以上の変数をもつ関数において，変数がある条件式（複数になることもある）によって束縛されているときに，求める関数がいつ極値をとるかという問題である．すなわち，変数を $x_1, \cdots, x_{n+m}$ とし，$g_1(x_1, \cdots, x_{n+m})=0, \cdots, g_m(x_1, \cdots, x_{n+m})=0$ の条件のもとで，$f(x_1, \cdots, x_{n+m})$ の極値を求めるというものである．

この種の問題では，不等式なのだが，線型計画法というものがよく知られており，経済学などでもよく使われている．これは束縛条件および求める関数が，線型の式によって与えられるものである．この場合には式の形が特殊であるのでうまい方法が存在し，また別の話である．

さて，条件式が複雑な場合には，これを解いて変数を消去することは不可能であるか，また複雑な式になってあまり得策でない場合が多い．そこで登場するのが，ラグランジュの未定乗数法と呼ばれるものである．上の記号を使って，$x_1, \cdots, x_n$ を独立変数と見ることにする．$g_1=0, \cdots, g_m=0$ から，$x_{n+1}, \cdots, x_{n+m}$ までを消去することはできないが，陰関数定理から，偏微分係数を求めることはできるので，それを使って，

頭の中だけで

$$\frac{\partial f}{\partial x_1}=0, \quad \cdots, \quad \frac{\partial f}{\partial x_n}=0$$

極値の必要条件である

を計算してやることができる．ただ，変数および束縛条件式が増えると，計算が大変になってくるので，その手続きを組織的にみやすくしたものがラグランジュの未定乗数法である．

$$F(x_1, \cdots, x_{n+m}, \lambda_1, \cdots, \lambda_m)$$
$$=f(x_1, \cdots, x_{n+m})-\lambda_1 g_1(x_1, \cdots, x_{n+m})-\cdots-\lambda_m g_m(x_1, \cdots, x_{n+m})$$

と置いて，

変数を増やして自由度を増やす

$$\frac{\partial F}{\partial x_1}=0,\ \cdots,\ \frac{\partial F}{\partial x_{n+m}}=0,\ \frac{\partial F}{\partial \lambda_1}=0,\ \cdots,\ \frac{\partial F}{\partial \lambda_m}=0$$

という非常に対称的できれいな式である．

導き方の由来からして，機械的に計算していけば確かに極値の候補は得られるが，あくまで極値が存在するとしての必要条件に過ぎないわけであるから，確かにそこで極値になっているかどうかについては，何も教えてはくれない．

その意味から，変数の数が二つの時には，ラグランジュの方法を使わずに，元に戻って陰関数定理そのものを使う方がよいことがある．なぜなら，2階導関数を元に立ち戻って計算することができるからである．それについては後で例題を示そう．変数が多い場合にはラグランジュの方法を使わざるを得ない．多くの問題では，極値を取る点さえわかれば，極値であることは自然にわかることが多い．また，計算機による数値計算で十分な場合もあるだろう．

特に応用問題では

例題 5　(1)　$x^3-3xy+y^3=0$ の条件の元で，x^2+y^2 の極値を求めよ．

(2)　ラグランジュの未定乗数法を用いて，$x^2+y^2+z^2=1$, $x>0$, $y>0$, $z>0$ の条件の元で $xy+yz+zx$ の最大値を求めよ．

解説　ラグランジュの未定乗数法で，極値の候補は直ちに求められる．$x=0$，$y=0$ の点で極小になることは関数の形から直ちにわかるが，もう一つの点における挙動はよくわからない．そこで，陰関数定理を直接使う方法を概略を示しておこう．まず，条件式を x で微分すると，

y は x の関数

$$x^2-y+(y^2-x)y'=0$$

となる．さらに，$f(x,y)=x^2+y^2$ と置くと $\dfrac{df}{dx}=2x+2yy'$ となる．この y' のところに陰関数定理で求めた y' を代入すると，導関数が x，y で表されたことになる．

そうすると，少し計算を略すが，$x=y=0$ と $x=y=3/2$ が候補として求められる．前者については既に述べられている．後者が問題だが，そのためには上の式をもう一度微分してみる．

$$\frac{d^2f}{dx^2}=2+2(y')^2+2y''$$

である．$x=3/2, y=3/3$ のときは，$y'=-1$ である．さらに，条件式を微分した式をさらに x で微分すると，

$$2x-y'+(2y-1)y'+(y^2-x)y''=0$$

注意して計算しないとわけがわからなくなる

である．これから，$y''=-8/3$ で，$\dfrac{d^2f}{dx^2}=-4/3$ である．従って，$x=3/2$ で極大値 $9/2$ をとることがわかる．

x^2+y^2 とは，原点からの距離の二乗であるから，以前かいたグラフを眺めると，確かに上のような結果になっていることがわかる．(図19)

(2)　変数 λ を新しく導入して，関数

$$F(x,y,z,\lambda)=yz+zx+xy-\lambda(x^2+y^2+z^2-1)$$

を考える．極値の必要条件により，

見やすい式になった

$$F_x=z+y-2\lambda x=0 \qquad F_y=z+x-2\lambda y=0$$
$$F_z=x+y-2\lambda z=0 \qquad F_\lambda=-(x^2+y^2+z^2-1)=0$$

となる．前の三つの式を加えあわせて，

$$(x+y+z)(\lambda-1)=0$$

を得る．これから，$\lambda=1$ である．この式とやはり前の三つの式から，$x=y=z$ を得る．これを最後の式に代入し

て，$x=y=z=\dfrac{1}{\sqrt{3}}$ となり，極値の候補は，1となる．

最大値の定理

最後に，$x\geq 0$，$y\geq 0$，$z\geq 0$，$x^2+y^2+z^2=1$ によってきまる集合は，有界閉集合だから，必ず，どこかで最大値をもっている．例えば $z=0$ のところで考えれば，$x^2+y^2=1, x\geq 0, y\geq 0$ のもとでの，$x\,y$ の最大値を求める問題になる．この場合もラグランジュの方法を用いて，最大値は1/2になる．従って，上の集合の内部で最大値を取らねばならず，そこでは極値である．極値はただ一つなので，それがすなわち最大値である．

先に境界上を調べる

内点で最大値

最後のような議論は，いささか理論的ではあるが，極値であることを保証するためにしばしば使われる．終り

問 6.4　a, b, c を実数の定数とし，$a>0, ac-b^2>0$ とする．$ax^2+2bxy+cy^2=1$ の条件の元で，x^2+y^2 の極値をラグランジュの未定乗数法を用いて求めよ．

ここでは，線型代数を意識せずに扱っているが，この問題は行列の固有値問題としてとらえる方がむしろ簡単で，変数の数を増やすこともできる．補章で取り上げることにしよう．

3　ヤコビ行列ヤコビアン

次に，ヤコビ行列，ヤコビアンについてお話ししたい．x，y が $x=x(u,v)$，$y=y(u,v)$ のように，u，v の関数になっている場合を考える．ヤコビ行列とは

関数行列または行列値関数

$$\begin{pmatrix} \dfrac{\partial x}{\partial u} & \dfrac{\partial x}{\partial v} \\ \dfrac{\partial y}{\partial u} & \dfrac{\partial y}{\partial v} \end{pmatrix}$$

のことである．ただし，これは関数を成分にもつ行列であることに注意．ヤコビアンとは，上のヤコビ行列の行

列式のことで，しばしば $\dfrac{\partial(x,y)}{\partial(u,v)}$ とかかれることが多い．ヤコビ行列の場合には変数の数がちがっていても構わないが，ヤコビアンを考える場合には，必ず正方行列でなければならないことに注意しよう．

ヤコビアンは関数

この型の行列，行列式はともかく色々なところによく現れる．例えば陰関数定理，逆関数定理，重積分の変数変換など．その理由は何であろうか．

二変数の微分の概念を思いだしてみよう．二変数以上では微分の概念と個々の偏微分係数の概念が分離し，微分とはある点の近くで関数を一次関数で近似することであり，

$$x-x_0=\frac{\partial x}{\partial u}(u-u_0)+\frac{\partial x}{\partial v}(v-v_0)+\text{誤差}$$

$$y-y_0=\frac{\partial y}{\partial u}(u-u_0)+\frac{\partial y}{\partial v}(v-v_0)+\text{誤差}$$

線型写像による近似

のように表わすことができるのであった．すなわち，ヤコビアンはある点の近くで u，v の関数 x，y を，線型な関数（写像と呼ぶべきであろうが）で近似したときの行列の成分であることがわかる．微分とか積分で何か入組んだことをやろうとすると，関数を線型な関数で近似して話を進めるのが常であるから，上の形の行列，行列式によく出くわすのである．

陰関数定理などで，ヤコビ行列の階数が最大になるという条件がついていることがあるのは，その点で線型写像で近似したときに退化していないという条件である．さらにはヤコビアンはその行列式であるから，上の写像が (u,v) 平面から (x,y) 平面へ図形を移すときの，狭い範囲における面積比を表わしていることがわかる．なお，微積分と線型代数のからみは補章の最後に少し述べている．

3次元なら体積比である

このことから，一階偏微分係数というものは，全ての変数に関するものをまとめて考えなければ意味がないこ

とがわかる．間違っても $\dfrac{\partial x}{\partial u}=\dfrac{\partial u}{\partial x}$ などという式をかかないことである．$y=f(x)$ においては dy/dx の一つだけでかたがついていた理由は，要するに1行1列では，行列も行列式もそのただ一つの成分に一致してしまうからである．しばしばあることだが，余りにも簡単な例は本質を見失わしめることがある．

1行1列の行列も行列式も数と同じ

例題 6　(1)　$x=x(u,v)$，$y=y(u,v)$ さらに $u=u(p,q)$，$v=v(p,q)$ となっているとする．そのとき，

$$\begin{pmatrix} \dfrac{\partial x}{\partial u} & \dfrac{\partial x}{\partial v} \\ \dfrac{\partial y}{\partial u} & \dfrac{\partial y}{\partial v} \end{pmatrix}\begin{pmatrix} \dfrac{\partial u}{\partial p} & \dfrac{\partial u}{\partial q} \\ \dfrac{\partial v}{\partial p} & \dfrac{\partial v}{\partial q} \end{pmatrix}=\begin{pmatrix} \dfrac{\partial x}{\partial p} & \dfrac{\partial x}{\partial q} \\ \dfrac{\partial y}{\partial p} & \dfrac{\partial y}{\partial q} \end{pmatrix}$$

(2)　$x=r\sin\theta\sin\phi$，$y=r\sin\theta\sin\phi$，$z=r\cos\theta$ のときにヤコビアン $\dfrac{\partial(x,y,z)}{\partial(r,\theta,\phi)}$ を求めよ．

行列にして表すと見やすい

解説　(1)　これは，成分ごとに書き下すと，合成関数の微分公式である．これは，それぞれの写像を，狭い範囲では線型写像とみて合成してよいことを表わしている．

3次の行列式の計算

(2)　単なる行列式の計算によって，ヤコビアンは $r^2\sin\theta$ となることがわかる．これは地球表面の面積と緯度の関係を表わしている．

このように考えてもよいが，ラプラシアンの書換えのときのように，二段階の変換にわけて，ヤコビアンを計算してもよい．そのようにやっておくと，次元がもっと増えた場合にも応用がきく．すなわち，$x=\rho\cos\phi$，$y=\rho\sin\phi$，$z=z$ のヤコビアンは，ρ である．次に，$z=r\cos\theta$，$\rho=r\sin\theta$，$\phi=\phi$ のヤコビアンは，r であるから，積をとって，$\rho r=r^2\sin\theta$ となることがわかる．

円柱座標を使う方法

終り

問 6.5　(1)　$x^2y=u$，$\dfrac{y^2}{x}=v$ のとき，ヤコビアン

$\dfrac{\partial(x, y)}{\partial(u, v)}$ で求めよ．

(2)　n 次元の極座標のヤコビアンを求めよ．

4　偏微分方程式

高校でも微分方程式と称するものが出てくる．そこで出てくるのは $\dfrac{dy}{dx}=y$ のようなものであり，常微分方程式と呼ばれ，これは時刻のみに依存するような物理現象を記述している．この方程式の解はよく知られているように，$y=Ce^x$ と表わされ，任意定数 C を一つ含んでいる．

しかしながら，自然現象を記述しようとするときに，変数の数が一つだけで済むということはほとんどあり得ないことである．その一つの例として一次元の波動を挙げてみよう．

ギターの弦の振動も波である

図24　一次元の波

波動の振幅を u とすると，u は時刻 t だけではなく座標変数 x にもよらなければならない．従って，u は2変数の関数となる．時刻 t を固定すれば u は x の関数であって，ある瞬間の波の形を表わし，x を固定すれば t の関数であって，ある特定の点の振動を表わすことになる．平面，空間の波動になると話はややこしくなるが一次元だと話は簡単である．

物理的な話はここで省略するが，この $u(t, x)$ は，次の微分方程式と初期条件を満たすことが知られている．

双曲型方程式の例

$$\frac{\partial^2 u}{\partial t^2}=c^2\frac{\partial^2 u}{\partial x^2},\quad u(0,x)=f(x),\quad u_t(0,x)=g(x)$$

このような方程式は偏微分係数を含んでいることから，偏微分方程式と呼ばれて，数学，物理学における極めて重要な研究対象である．偏微分方程式を解くことは，一般には非常に難しいが，この場合に限って簡単である．まず，上の方程式を一般的に解いて，その後で下の初期条件に合わせればよい．

例題 7　上の方程式を解け．

解説　$ct=v+w$, $x=v-w$ とおいて，変数を u, v に変えてしまう．このとき，

$$u_v=\frac{1}{c}u_t+u_x$$

$$u_w=\frac{1}{c}u_t-u_x$$

である．これを使って，t, x に関する偏微分を書換えると，元の方程式は，$u_{vw}=0$ となる．この式の両辺を w で積分することによって $u_v=F_0(v)$ がわかり，さらに v で積分して $u(v,w)=F_0(v)+G_0(w)$ となることがわかる．なお，このような計算のことを，偏積分といった人がいて，言い得て妙である．

単純な方程式に変形される

ここで v, w を t, x に戻し，さらに関数の形を少し補正することにより，

$$u(t,x)=F(x+ct)+G(x-ct)$$

となる．これが波動方程式の一般解である．x 軸の正の方向と負の方向に伝わる二つの波の合成になっていることと，波の伝播速度が c であることがわかる．常微分方程式の場合と違って，一般解には任意定数ではなく，任意関数が現れることになる．

任意“関数”を含む

最後に初期条件に合せて，任意関数を決めることだけが残される．最終的な形は，

$$u(t,\ x)=f(x+ct)+f(x-ct)+\int_{x-ct}^{x+ct} g(s)ds$$

となる．これをダランベールの解と呼ぶ．

問 6.6　次の形の関数が満たす偏微分方程式を作れ．

(1)　$z=f(x)g(y)$

(2)　$z=\dfrac{1}{y}f\left(\dfrac{y}{x}\right)$

放物型，楕円型とよばれるものの例

物理学の中で最も偏微分方程式として知られているのは，この他に，熱方程式 $\dfrac{\partial u}{\partial t}=\dfrac{\partial^2 u}{\partial x^2}$，ラプラス方程式 $\dfrac{\partial^2 u}{\partial x^2}+\dfrac{\partial^2 u}{\partial y^2}=0$ がある．これらの説明は別の機会に譲らなければならない．

第 7 章　不定積分あれこれ

大学では積分の主役ではなくなるが，これなくして積分を語ることはできない．置換積分，部分積分などマスターすべきことは多く，計算量も膨大である．積分公式は数知れないが，数学ソフトがかなりカバーしている．そのうち不定積分の計算はコンピュータにとって代わられ，人間はもっと高度なことを考えるのであろう．

そろそろ7章を迎えて，積分にも入らなければならない．通常積分というときには，高校で言うところの定積分を意味する．高校では，不定積分が先にあってその応用として定積分の計算を行なった．このような方法は，実は万能のものではないことがあとでわかる．しかし，そうは言ってもこれが一変数に限らず全ての積分の最も基礎であることは否定できないので，まずは一変数の不定積分から話を始めよう．

積分は職人芸

この分野は基本的なところの理論はわかりやすいのだが，難しくなってくるとかなり職人芸の世界になってしまう．一変数不定積分の世界を知りたければ岩波全書の数学公式集の積分の項をぱらぱらとめくってみると良い．そこには複雑怪奇な不定積分がいくらでも載っている．これらの公式はすべて覚えておく必要もないしまた不可能なことでもある．

1　積分の逆は微分

まず，不定積分という言葉の由来である．高校では不定積分は微分の反対，すなわち微分するとその関数になるもの（本来は原始関数という言葉を使うべきであろう.）として定義されるわけであるが，その定義だと，原始関数がうまく見つからない場合に，不定積分が存在しないことになってしまって工合が悪い．やはり不定積分は独立した意味をもつべきである．そこでどの教科書にものっているものだが，次の事実を例題としてあげたい．

例 題 1

微積分の基本定理

(1)　$f(x)$ は $[a,\ b]$ で連続であるとすると，

$$\frac{d}{dx}\int_a^x f(t)dx = f(x)$$

である．

(2)　同じ条件の下で，次の関数 $F_n(x)$ を n 回微分する

と $f(x)$ になる．

テイラーの定理の剰余項

$$F_n(x)=\int_a^x\frac{(x-t)^n}{(n-1)!}f(t)dt$$

解 説 (1) $h>0$ とする．$[x,\ x+h]$ における最大値をM，最小値を m とする．$h\to+0$ のとき，$M\to f(x)$，$m\to f(x)$である．図により，

この議論はよく使われる

$$mh\leq\int_x^{x+h}f(t)dt\leq Mh$$

$$m\leq\frac{1}{h}\int_x^{x+h}f(t)dt\leq M$$

$h\to+0$ とすることにより，中の項が，$f(x)$ に収束することがわかる．$h\to-0$ のときも，不等式の向きに気をつければ同じである．

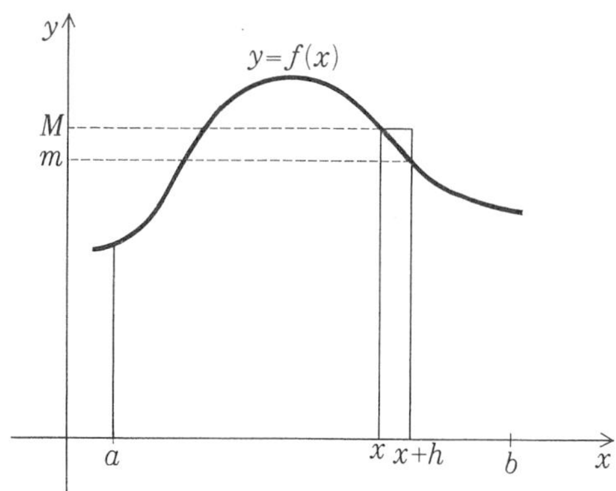

図25 上の証明

(2) これは，n 回不定積分が，実は一回の不定積分によって与えられることを意味している．余談ながら，この n を例えば実数 π などにすると，π 回の積分を定義することができる．

この計算を高校流にやるとすれば，$(x-t)^n$ を 2 項定理を用いて展開して，x を完全に積分の外に出してか

ら，(1)を使って微分することになる．しかしながら大学ではもっと便利な手段が用意されているので，それを使うことを考えてみよう．$f(x,t)$ が2変数の連続関数とする．そのとき，$\int_a^x f(x,t)dt$ は x の関数 $F(x)$ になる．これを x について微分すると，

便利な公式

$$\frac{dF(x)}{dx}=f(x,x)+\int_a^x \frac{\partial f(x,t)}{\partial x}dt$$

となる．これは2変数関数の合成関数の微分法と，微分と積分の順序交換が成立することから従うものである．

そうすると，

$$F'_n(x)=\int_a^x \frac{(x-t)^n}{(n-2)!}f(t)dt$$

であり，右辺は $F_{n-1}(x)$ である．$F'_1(x)=f(x)$ であるから，数学的帰納法によって結果を得る．　終り

問 7.1　次の式を計算せよ．

(1)　$\dfrac{d}{dx}\displaystyle\int_{x^3+1}^{\sqrt{x-1}} f(t)dt$

(2)　$\dfrac{d}{dx}\displaystyle\int_0^x \sin(x-t)f(t)dt$

例題 1 の(1)は微積分の基本定理とよばれ，積分が微分の逆であることを保証する．この事実によって，原始関数が見つかればそれによって，容易に定積分が計算できることになる．本来定積分の定義はリーマンによるもので，非常にややこしいものであるから，これは大変に有難いことである．すなわち，積分の定義は全く解析であるが，原始関数を見つけることは本質的に代数であり，これによってマセマティカ Reduce，Derive などのコンピュータのソフトウエアで扱うこともできるし，意地悪く言えば，積分などと言う高度な（？）数学が高校数学のテーマたりえるのである．

不定積分も代数

不定積分 $\int_a^x f(x)dx$ の形は，これだけで意味が確定しているので，これ以上わかりやすい形に計算できなくても，使える場合が多い．例えば $\sqrt{1-k^2\sin x}$ の不定積分は楕円積分として有名である．また，整数論の方で言えば，$\int_2^x \frac{1}{\log x}dx$ として，1から x までの素数の個数の分布が漸近的に与えられることなどが分っている．これを素数定理とよぶ．不思議な現象だが，パソコンで巨大な数までの素数表を作成することによって実験的に検証することもできる．

微分方程式を積分方程式に帰着する

さらに，もう少し高度な話題になって恐縮であるが，$y'=f(y,x)$ という形の微分方程式を考えてみる．f が十分に良い関数であれば，$x=a$ で与えられた初期値に対して，解が存在することがわかっているのだが，それを導こうとするとき，微分方程式のままでは進退が不自由である．f の定義されているところに，(x_0, y_0) が入っているとする．f の中に関数自身 y が入っているので，y の方には，リプシッツ連続性のような強い条件が必要である．一方，x の方では連続性だけでよい．

両辺を $x=x_0$ から t まで積分して，積分方程式

$$y(t)=y_0+\int_{x_0}^t f(y,x)dx$$

の形にして考える方が，色々な手段が使える．この話は，微分方程式の章でもう一度取り上げる．

2　具体的な関数の積分

さて，高校の基礎解析の不定積分は，x^n の積分だけで十分であったが，他の関数も不定積分しようということになると，さまざまなテクニックが必要である．部分分数分解，置換積分，部分積分などである．それらについて順次ふれていこうと思う．

まず，有理関数の不定積分について一般的に説明して

おこう．有理関数とは分数関数のことであるが，分母が実数の範囲で完全に因数分解されていれば不定積分可能であることは，既にライプニッツによって発見されている．この事実が，不定積分全体の基礎を成している．

$f(x)$, $g(x)$ をそれぞれ多項式として，分数関数 $\dfrac{f(x)}{g(x)}$ を考えよう．まず，$f(x)$ を $g(x)$ でわった商を $k(x)$, 余りを $r(x)$ として，

仮分数を帯分数にする

$$\frac{f(x)}{g(x)}=q(x)+\frac{r(x)}{g(x)}$$

としておく．次に，ユークリッドの互除法を基盤とする代数的な議論によって

$$\frac{r(x)}{g(x)}=\sum_{i=1}^{p}\sum_{j=1}^{n_p}\frac{A_i}{(x-a_i)^j}+\sum_{k=1}^{q}\sum_{l=1}^{m_q}\frac{C_kx+D_k}{(x^2+2b_kx+{b_k}^2+{d_k}^2)^l}$$

と分解することができる．しかも，この表し方はただ一通りであることがわかっている．これを，部分分数分解という．簡単なものは，高校でも扱っているが，完全な形を理解するのはなかなか難しい．しかし，一般の学生諸君がこの定理の中身までを理解しておく必要はないと思われる．

どんな方法も許される

しかしながら，理論で保証されているということは，実は大変に強いことであって，どんな方法でもよいからとにかく求めてしまえばよいのである．

そうすると，これらの関数の積分を実行すればよいことになるので，問題が，非常に単純化されたことになる．$\dfrac{A}{(x-a)^n}$ の形の関数は，容易に積分できる．後ろの方はこのままでは無理で，$x+a=t$ などと置き，

$$\frac{C't}{(t^2+a^2)^l}+\frac{D'}{(t^2+a^2)^l}$$

の形に分けてやらなければならない．前の方は，置換積

分で計算できる．最後は難物で，部分積分によって漸化式を導いてやらなければならない．

コンピュータのやること

このように，手順は完全に決っているのだが，全てを遂行するにかかる手間は，かなり大変なものになることが多い．人間のやることではないような気もする．

次に，三角関数の有理関数の積分が有理関数の積分に帰着できることも，ほとんどの教科書に書かれているところである．一般的な方法としては $\tan\theta/2=t$ と置くと良いことがすぐにわかる．これは次の無理関数のところにも関連するが，円周 $x^2+y^2=1$ 上の点 (x, y) を t の有理関数によって，

円周の有理化

$$x=\frac{1-t^2}{1+t^2} \qquad y=\frac{2t}{1+t^2}$$

と表現できることに由来している．従って，

$$\cos\theta=\frac{1-t^2}{1+t^2} \qquad \sin\theta=\frac{2t}{1+t^2} \qquad \frac{d\theta}{dt}=\frac{2}{1+t^2}.$$

直径の円周角は直角

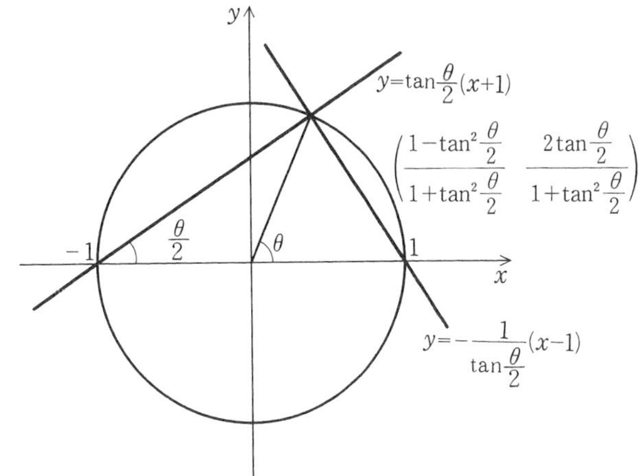

図26 上の図形的な説明

ただ，このような一般的な方法は，万能であるだけに手間もかかるもので，うまい方法が見つからない場合の最後の手段と考えておくべきであろう．

うまく $\tan\theta$ だけの関数にかき表わすことができる場合には，$\tan\theta=t$ と置くことによって計算は格段に簡単になる．この場合，

$$\cos^2\theta=\frac{1}{1+t^2}\quad \sin^2\theta=\frac{t^2}{1+t^2}\quad \frac{d\theta}{dt}=\frac{1}{1+t^2}$$

となるので，$\tan\theta/2=t$ と置いた場合に比べ，次数が約半分になっいる．

有理関数の積分にしても仕方がない

また，$\int\sin^n\theta\,d\theta$ などのように部分積分を用いた方が良いものも多い．

例題 2　次の不定積分を計算せよ．

(1)　$\displaystyle\int\frac{x^3+2x+1}{x(x-1)(x^2+1)^2}dx$　　(2)　$\displaystyle\int\frac{dx}{\sin x}$

(3)　$\displaystyle\int\frac{dx}{a\cos^2 x+b\sin^2 x}$

解説　(1)　まず，部分分数分解を行うと，

$$\frac{x^3+2x+1}{x(x-1)(x^2+1)^2}=\frac{1}{x(x-1)}-\frac{x^2+2}{(x^2+1)^2}$$
$$=\frac{1}{2}\left\{\frac{1}{x}-\frac{1}{x-1}\right\}-\frac{1}{(x^2+1)^2}-\frac{1}{x^2+1}$$

となる．第3項が問題だが，あとの例題ででてくる漸化式で $n=2$ と代入し，

$$\int\frac{dx}{(x^2+1)^2}=\frac{1}{2}\left\{\int\frac{dx}{1+x^2}+\frac{x}{x^2+1}\right\}$$

となる．最終的な結果は，

$$\frac{1}{2}\log\left|\frac{x}{x-1}\right|-\frac{3}{2}\mathrm{Tan}^{-1}x-\frac{1}{2}\frac{x}{x^2+1}+C$$

となる．

(2)　意外なことに，この問題は $x=\tan t/2$ という定石

分母分子に $\sin x$ をかける方法もある

に従うとよい．$\dfrac{dx}{dt}=\dfrac{t}{1+t^2}$，$\dfrac{1}{\sin\theta}=\dfrac{1+t^2}{2t}$ だから，

$$\int\frac{dt}{t}=\log\left|\tan\left(\frac{x}{2}\right)\right|+C$$

と簡単に計算できてしまう．

$\tan\frac{x}{2}=t$ とおくと大変

(3) これは，$\tan x=t$ と置くと簡単にできる典型である．

$$\int\frac{dx}{a\cos^2 x+b\sin^2 x}=\int\frac{1}{a\dfrac{1}{1+t^2}+b\dfrac{t^2}{1+t^2}}\frac{1}{1+t^2}dt$$
$$=\int\frac{dt}{a+bt^2}$$

である．最後の積分は，a，b の符号によって場合分けしなければならないが，すでに簡単なものである． 終り

問 7.2 次の不定積分をせよ．

(1) $\displaystyle\int\frac{dx}{x^8-16}$ (2) $\displaystyle\int\frac{dx}{1+2\cos x}$

(3) $\displaystyle\int\frac{\sin^2 x}{1+8\cos^2 x}dx$

3 置換積分

置換積分については，題材が余りにも多いので，ここでは，無理式の積分と三角関数を用いた置換積分に限定したい．まず無理式の方だが，

このくらいが限界

$$\int F(\sqrt{ax^2+bx+c},x)dx \qquad F\text{ は有理関数}$$

の形の不定積分を考えたい．$a=0$ の場合には，$\sqrt{bx+c}=t$ と置換することによって，t の有理関数の積分になる．逆にルートの中に3次以上の式が入っていると一般に不定積分できない．従って，この場合が重要である．

とにかくルートが入っていると好ましくないので，何

とかルートの無い式にしたい．さて，このような関数は，a の符号によって全く二つに類別される．このように二つの場合に分けなければならないのは，実は本来複素変数の関数を当然ながら実数に制限して考えていることに由来する．

それはさておき，$a<0$ の方から始める．ルートの中がいつも 0 以下になる場合には意味がないので，二次式の基本変形によって，ルートの中は，$\sqrt{b^2-x^2}$ のように変形される．そこで，高校でもよく行っているように，$x=b\cos\theta$ とすれば，$\sin\theta$，$\cos\theta$ の有理関数の積分になってしまうので，目的が達せられる．別の方法もある．この方法では基本変形はしない．ルートの中は因数分解されて，$\sqrt{(\beta-x)(x-\alpha)}$，$\alpha<\beta$ となっているとしてよい．ここで，$\sqrt{\dfrac{\beta-x}{x-\alpha}}=t$ とおくと，$x=\dfrac{\alpha t^2+\beta}{t^2+1}$ となる．従って，この方法によっても，t の有理関数の積分に帰着することができる．積分の形に応じて都合のよい方法を採用すればよいのだが，私の経験では，三角関数を用いる方法の方が簡単な場合が多いようである．

これも曲線の有理化

$a>0$ の場合を考えよう．$\sqrt{ax^2+bx+c}=t-x$ と置けばよいということになっており，少し気の効いた高校生も知っている．やはり，t の有理関数の積分に帰着されることになる．しかし，これだけは何となく天下りで，どういう理屈なのか良くわからない．$a<0$ の場合，$\sqrt{b^2-x^2}$ が円周の方程式だから三角関数が使われた．それと見比べると $y=\sqrt{ax^2+bx+c}$ は双曲線の方程式である．そこで双曲線関数を使うことを考えよう．

妙な置換積分である

双曲線関数とは $\sinh x=\dfrac{e^x-e^{-x}}{2}$，$\cosh x=\dfrac{e^x+e^{-x}}{2}$

によって与えられる関数である．容易に $\cos^2 x-\sinh^2 x=1$ となるから，直角双曲線上の点のパラメータ表示を与えていることがわかる．実際には，図における斜線の部分の面積を $t/2$ とおくと，点Pの座標が $(\cosh t, \sinh t)$ となることがわかる．

問 7.3　この事実を検証してみよう．

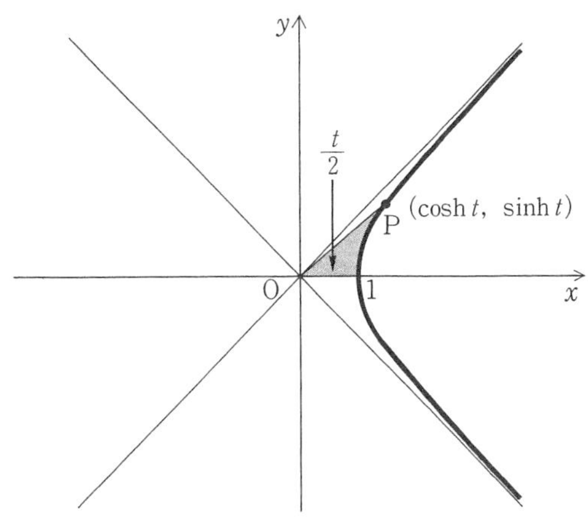

図27　双曲線関数と面積

直角双曲線の場合

簡単のため，$\sqrt{x^2+1}$ の場合を考えよう．$x=\sinh t$ とおいてみると，$\sqrt{x^2+1}=\cosh t$ となり，$(\sinh t)'=\cosh t$ でもあるから，$\sinh t$，$\cosh t$ の有理関数の積分に帰着されたことになる．これをどのように積分するかが，問題である．双曲線関数は第一章の複素数のところで解説したように，三角関数と複素数を介してつながっており，三角関数とほとんど同じような加法定理を満たすので，三角関数の積分と類似の計算を行なうことができる．

符号に注意

$$\sinh(x+y)=\sinh x\cosh y+\cosh x\sinh y$$
$$\cosh(x+y)=\cosh x\cosh y+\sinh x\sinh y$$

導いてみよう

である．倍角公式，半角公式，和積積和公式などが，これから導くことができる．

上の置換積分と双曲線関数による置換積分とが，下のように関連づけられる．$\sinh t=x$ を t に関して解くことにより，$\sinh x=\log(x+\sqrt{x^2+1})$ であるから，もと

逆双曲線関数

の式 $\sqrt{x^2+1}=t-x$ の置換積分は，$x=\sinh(e^t)$ であることがわかった．指数関数が中に入っているが，本質的に双曲線関数による置換積分である．

例 題 **3**　次の積分を行え．

(1) $\displaystyle\int\sqrt{x^2+1}\,dx$　　(2) $\displaystyle\int\frac{dx}{(1-x^2)\sqrt{1+x^2}}$

(3) $\displaystyle\int\sqrt{\frac{1+x}{1-x}}dx$

$\sqrt{1-x^2}$ の積分と同様

解 説　(1)　上で説明した双曲線関数による置換積分を実行してみよう．$x=\sinh t$ と置いてみよう．

$dx=\cosh t\,dt$，$\sqrt{x^2+1}=\cosh t$ となる．したがって積分は $\displaystyle\int\cosh^2 t\,dt$ と簡単な式になる．これを一次式にするために双曲線関数の半角公式を引用する．すなわち，$\cosh^2 t=\dfrac{1+\cosh 2t}{2}$ である．積分は $\dfrac{1}{2}t+\dfrac{1}{4}\sinh 2t$ である．定積分の為にはこれで十分なのだが，不定積分の問題としては変数を x に戻さなければならない．またしても sinh の倍角公式 $\sinh 2t=2\sinh t\cosh t$ とか $\cosh t=\sqrt{1+\sinh^2 t}$ であり，$t=\sinh^{-1}x$ を使う．これらを全て代入すると

$$\frac{1}{2}\left(\log\left(x+\sqrt{x^2+1}\right)+x\sqrt{x^2+1}\right)+C$$

となる．

積分はケースバイケース

(2)　これは，必ずしも上で述べた一般的方法によらない方がよい場合である．不定積分の場合，少しでも計算が簡単になる方法を探求しなければならない．$x=\tan\theta$ とおくのがこの際有力な方法で，この積分は

$$\int\frac{\cos\theta\,d\theta}{1-2\sin^2\theta}$$

となる．ここで，さらに $\sin\theta=t$ と置くと，

$$\int\frac{dt}{1-2t^2}$$

となる．これは既に見慣れた有理関数の不定積分であるから，これ以上の変形は省略しよう．

(3)　この問題はふたとおりの方法がある．まず，

$\sqrt{\dfrac{1+x}{1-x}}=t$ と置いてみると，

$$x=\frac{t^2-1}{t^2+1} \qquad \frac{dx}{dt}=-\frac{4t}{(1+t^2)^2}$$

となり，元の積分は，t の有理関数の積分で次のようになる．

部分積分を使う

$$\int\frac{4t^2}{(1+t^2)^2}dt=\frac{-2t}{t^2+1}+2\,\mathrm{Tan}^{-1}t+C$$
$$=-\sqrt{1-x^2}+2\,\mathrm{Tan}^{-1}\sqrt{\frac{1+x}{1-x}}+C$$

もう一つの方法は，元の積分を

$$\int\frac{\sqrt{1-x^2}}{1-x}dx$$

としておいて，$x=\sin\theta$ と置くことである．そうすると，

同じように見えないが同じ式

$$\int\frac{\cos^2\theta}{1-\sin\theta}d\theta$$

となり，これまた計算可能な式である．同じ結果を与えるはずである．

どちらも使えないと困る．　終り

問 7.4　次の不定積分を，置換積分によって行なえ．

(1)　$\displaystyle\int\frac{dx}{\sqrt{(3-x)(x-1)}}$　　(2)　$\displaystyle\int\sqrt[3]{(x+1)(x-1)^2}\,dx$

置換積分の最後に珍しい問題を一つ入れて置こう．$f(x,y)$ を 2 変数の多項式とする．$f(x,y)=0$ によっ

て，定義される曲線を代数関数などという．これは，大体非常に難しいものだが，うまいパラメータ t を取って，x，y が t の有理関数で表されると，好都合である．次の例題の関数などがこれにあたる．他には，$y(x+y)^2=2x$ などがある．この場合には，$x+y=t$ として，$x=\dfrac{t^3}{t^2+2}$，$y=\dfrac{2t}{t^2+2}$ となる．

曲線の有理化

例題 4　$x^3-3xy+y^3=0$ によって定義される代数関数 y を考える．

$$\int y dx$$

を有理関数の積分に書換え，計算せよ．

解説　この曲線の場合には，$\dfrac{y}{x}=t$ と置くと，$x=\dfrac{3t}{1+t^3}$，$y=\dfrac{3t^2}{1+t^3}$ と表すことができる．従って，

部分積分を使う

$$\int y dx=\int\frac{3t}{1+t^3}\frac{-9t^3}{(1+t^3)^2}dt$$

となり，かなりややこしい積分ながら，計算は可能である．結果は，t のままだが

$$\frac{9t^2}{2(1+t^3)^2}-\frac{3t^2}{1+t^3}-\frac{3\,\mathrm{Tan}^{-1}\dfrac{2t-1}{\sqrt{3}}}{\sqrt{3}}+\log|t+1|+\frac{\log(t^2+t+1)}{2}$$

終り

問 7.5　$y(x+y)^2=2x$ に対して同じ問題を考え，積分を計算せよ．

4　部分積分について

こんどは，部分積分に関することを取り扱う．部分積分は，高校でお馴染みのとおり，積の微分公式を積分用に書き直したというだけのものである．被積分関数を $f'g$ と考えるのだが，f と g を間違えるとかえって問題

が難しくなるので注意．問題のタイプとしては三角関数，指数関数など，微積分を繰り返してもあまり形の変らないものの積などを積分する場合と，もう一つは逆関数の積分を行う場合である．もちろん，ほかにもいくらでも事例はあろうが，きりがないので省略する．前者は $e^x \cos x$，$\sin^n x \cos^m x$ など，後者は，$\log x$，$x\,\mathrm{Cos}^{-1} x$ などである．

前者は部分積分を繰り返し，同じようなものが出現することに期待をかける．ただし，概ね厄介であり，もっと良い方法がある場合が多い．例えば複素数を用いる方法，定積分の場合になるが，ガンマ関数，ベータ関数を用いる方法も極めて有力である．後者の方は部分積分を用いるよりない場合が多い．理由は，逆関数（$\log x$ は e^x の逆関数であることに注意．）はもとの関数よりも複雑で，微分することは容易だが，そのまま積分することは困難だからである．例題を挙げよう．

逆関数は部分積分

例 題 5　次の積分を行え．

(1) $\displaystyle\int\frac{dx}{(x^2+a^2)^n}$　　(2) $\displaystyle\int \mathrm{Sin}^{-1} x dx$

(3) $\displaystyle\int(\log x)^n dx$

解 説　(1)　これは，有理関数の不定積分において，最後のとどめになる部分である．部分積分を行なうのだが，一気には計算できず，

$x=\tan\theta$ と置く方法もある

$$I_n=\int\frac{dx}{(x^2+a^2)^n}$$

と置いて，I_n に関する漸化式を導くことになる．

$$\begin{aligned}I_n&=\frac{x}{(x^2+a^2)^n}-\int\frac{-2nx^2}{(x^2+a^2)^{n+1}}dx\\&=\frac{x}{(x^2+a^2)^n}+2n(I_n-a^2I_{n+1})\end{aligned}$$

となる．この式を I_{n+1} について解いてやれば，

$$I_{n+1}=\frac{1}{2na^2}\left\{(2n-1)I_n+\frac{x}{(x^2+a^2)^n}\right\}$$

となる．I_1 は $\dfrac{1}{a}\mathrm{Tan}^{-1}\dfrac{x}{a}$ だから I_n が求まることになる．ただし，n が大きいときに具体的にかくのは大変になる．

(2)　被積分関数には $\mathrm{Sin}^{-1}x$ しかないが，これをあえて，$1\cdot\mathrm{Sin}^{-1}x$ とみて部分積分を行う．

$$\int \mathrm{Sin}^{-1}x\,dx=x\,\mathrm{Sin}^{-1}x-\int\frac{x}{\sqrt{1-x^2}}dx$$
$$=x\,\mathrm{Sin}^{-1}x+\sqrt{1-x^2}+C$$

$$\int(\text{多項式})\cdot\log x\,dx \qquad \int(\text{多項式})\,\mathrm{Tan}^{-1}x\,dx$$

なども同様に考えれば良い．

(3)　これも(1)と同じである．

これも e^x の逆関数の積分

$$I_n=\int(\log x)^n dx$$

と置いてやると，漸化式がでる．詳細は省略しよう．

終り

問 7.6　部分積分によって次の不定積分を実行せよ．(2)，(3)については，漸化式を求めるだけで良い．

(1)　$\displaystyle\int xe^x\cos x\,dx$　　(2)　$\displaystyle\int(\mathrm{Sin}^{-1}x)^n dx$

(3)　$\displaystyle\int x^m(\log x)^n dx$

5　不定積分の理論への貢献

例題 6

$$f(x)=\int_1^x\frac{1}{t}\,dt$$

によって，関数 $f(x)$ を定義する．そのとき，

対数法則

$f(xy)=f(x)+f(y)$，$f(x)$ が単調増加であること，連続

であることを示せ．

解説　$\frac{1}{t}$ は正の連続関数だから，$f(x)$ は単調増加な連続関数である．

$$
\begin{aligned}
f(xy) &= \int_1^{xy} \frac{1}{t}dt \\
&= \int_1^x \frac{1}{t}dt + \int_x^{xy} \frac{1}{t}dt \\
&= f(x) + f(y)
\end{aligned}
$$

となる．

もし，指数関数などを全く知らないと仮定すると，この式によって初めて対数関数を定義することになる．

$$\int_1^x \frac{1}{t}dt = 1$$

微積分の理論を駆使する

となる数 x によって自然対数の底 e を定義すればよい．指数から始まる方法は自然ではあるが回りくどくて非常に難解であるから，こちらの方を出発点として，指数関数は $f(x)$ の逆関数として定義すれば，全ては（数学的に）明快になる．この方式を好む先生方も多いが，やはり，学生諸君としては感覚的に受入れ難いところがあるようだ．　終り

数学的に正しければよいというものでもない

問 7.7　$f(0)=0$ で $|f'(x)| \leq K|f(x)|$ が $-\frac{1}{2} \leq x \leq \frac{1}{2}$ で成立っていればこの区間で $f(x)$ は恒等的に 0 になった．これを不定積分を用いて証明してみよ．

マセマティカなどの数式処理ソフトは，不定積分もコマンド一つで実行してくれる．$f(x)$ として，簡単な関数を与えるとほとんど直ちに答えをだしてくれる．パラメータが中に入っていてもうまく計算を実行してくれるが，そのパラメータが項の数などにからんでくるとつぶれてしまう．例えば，**例題 5** の(1)などは，数式処理ソフトでも無理のようである．ただし，漸化式まで人間様

がやっておけば，I_n のかきだしは，御手のものである．

岩波全書の数学公式集の，不定積分の部分が持運びできるコンピュータ上の数式処理ソフトに置き換えられてしまって，学生諸君がそれを日常的に使うようになる時代も，そう遠いことではないだろう．

もっと高度なことをやる

数式処理ソフトになれてくると，苦労して不定積分の計算をしようとする気が無くなってくるのではないかと今から恐れることしきりであるが，人間の知能というものは，もっと別の部分で生かされるものだろうと納得している．

第 8 章　定積分をやってみよう

大学では，定積分の定義が出発点となり，不定積分は計算法に格下げになる．不定積分で求まらない積分の計算もあり，微分方程式論，複素関数論など他の分野とのかかわりも広く，非常に奥が深い．広義積分の方が重要なものが多いのも興味深い．被積分関数と共に，区間も重要なのである．

積分論の変遷も，数学の進歩の重要なひとこまである．

不定積分に続いて，当然定積分について考えてみることになる．前章でも言ったが，単に積分と言ったら，定積分のことである．実は，積分の起源は微分に比べてはるかに早く，ギリシャ時代のアルキメデスの，曲線で囲まれた部分の面積の絞りだし法による計算にさかのぼる．実際，小学校で方眼紙を使って，円の面積を考えたように，曲線で囲まれた図形の面積を計算しようとすると，必然的に積分の考え方に行き着くのではないだろうか．

無限小が表面に出ない

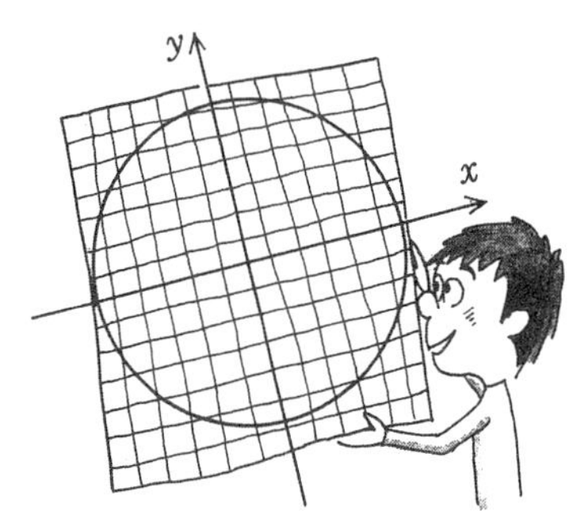

図28　方眼紙で円の面積を計算している

1　定義と基本的な問題

高校数学で，不定積分が先行して定積分の定義などが，ほとんど述べられることがないのは，積分の定義が難しく，しかもそれだけではほとんど計算ができないという事情があるからである．かいて見ると次の通り．

$f(x)$ は有界閉区間 $[a,\ b]$ 上の有界な関数とする．$[a,\ b]$ を $a=x_0<x_1<\cdots<x_{i-1}<x_i<\cdots<x_n=b$ によって，n 個の小区間にわけ，さらに，小区間 $[x_{i-1},\ x_i]$ から，値 ξ_i を勝手に選び，

棒グラフによる近似

$$\sum_{i=1}^{n} f(\xi_i)(x_i-x_{i-1})$$

という和（リーマン和と呼ぶ）を考える．そして，小区間のはばの最大値をどんどん小さくして行くときにただ一つの値に収束するとき，その値を

$$\int_a^b f(x)dx$$

とかき，これを（リーマン）積分と呼ぶ．

実際はsupの概念を用いたかなりややこしい定義（ダルブーの上積分，下積分）をして，ダルブーの定理と呼ばれるものによってこの形になる．$[a, b]$ の小区間への分割の自由度は大変に大きいし，さらに ξ_i たちの取り方も勝手気ままであるので，上の極限は通常の数列の極限でも関数の極限でもなく，難しい．

極めて難解

区間を n 等分して，左（右）端の点を ξ_i としたものが区分求積法と呼ばれ，以前高校でも扱われていた．これに関連した問題もあり，あとで取り上げる．これならば積分は単なる数列の極限で，感覚的にも非常にわかりやすい．この定義を採用しないのは，主として，$[a, b]$ を $[a, c]$ と $[c, b]$ と分けるときに c を小区間の分点に入れるためなのだが，学生の対象によっては，わかりやすさを重要視した方がよさそうである．それに，連続関数など，別の理由で積分の存在が保障されている場合には，区分求積法が正しい積分の値を与える．

こだわっても仕方がない

最初に，積分の定義そのものに関連した問題を取り上げよう．区分求積法を逆手に取って，ある種の極限の和を求めることができる．計算法としては，普遍性のあるやり方ではないが，この結果をみると微積分の基本定理が，強力なものであることが実感できるのではないだろうか．

例 題 1　次の極限の値を求めよ．

$$\lim_{n\to\infty}\left\{\sum_{k=0}^{n-1}\frac{k^{1/2}}{n^{3/2}}\right\}$$

解 説　これは昔は高校でよく扱われた問題だが，積分の取り扱いの変化にともない，消滅していった．この極限の有限の一般項を簡単にかくことはどうみても不可能である．そこで，この式を次のように書換えて観察してみよう．

自然な問題とは言えない

$$\lim_{n\to\infty}\left\{\sum_{k=0}^{n-1}\frac{1}{n}\sqrt{\frac{k}{n}}\right\}$$

これは，$y=\sqrt{x}$ という関数の0から1までの積分を考え，この区間をn等分して近似したときの式に一致している．

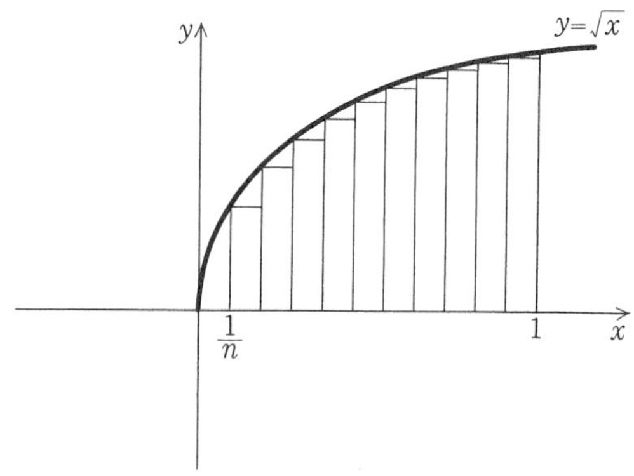

図29　$y=\sqrt{x}$ の区分求積

微積分の基本定理により

従って，この級数の値は

$$\int_0^1 \sqrt{x}\,dx=\frac{2}{3}$$

である．これ以外に，$\sin x$ など，積分は容易だが級数の和などを求めるのが厄介な関数に対して，この方法が有力なことがある．　終り

問 8.1　次の極限の値を，区分求積法を使って求めよ．

(1)　$\displaystyle\lim_{n\to\infty}\frac{1}{n}\sum_{k=1}^{n}\sin\frac{k}{n}\pi$　　(2)　$\displaystyle\lim_{n\to\infty}\frac{1}{n}\sum_{k=0}^{n-1}\log\left(1+\frac{k}{n}\right)$

不定積分によっては求めることのできない定積分は幾らでも存在し，それらを求めることが重要なテーマでもあるのだが，そうはいっても，まず不定積分によって定積分を計算する方法が基本であることは否定できないの

定積分の方が簡単なことは多い

で，まずこれに関する例題をあげよう．ただし，このような段階では，定積分独自の問題はない．

例　題 2　次の積分を計算せよ．

(1)　$\int_0^{\pi/2} \sin^n x dx$　　(2)　$\int_0^2 \sqrt{2x-x^2}\,dx$

解　説　(1)　不定積分でも同じような問題があるが，定積分の方が楽である．求める積分を I_n とおく．

$$
\begin{aligned}
I_n &= \int_0^{\pi/2} (-\cos x)' \sin^{n-1} x dx \\
&= [-\cos x \sin^{n-1} x]_0^{\pi/2} + (n-1)\int_0^{\pi/2} \sin^{n-2} x \cos^2 x dx \\
&= (n-1)(I_{n-2} - I_n)
\end{aligned}
$$

となる．これより，

$$I_n = \frac{n-1}{n} I_{n-2}$$

をえる．部分積分の第一項は 0 になってしまうので，簡単であり，これを最後まで引張っていくと大変である．答えは，n が偶数，奇数によってそれぞれのとき，

$$
I_n = \begin{cases} \dfrac{(n-1)(n-3)\cdots 3\cdot 1}{n(n-2)\cdots 4\cdot 2}\cdot\dfrac{\pi}{2} & n\text{ は偶数} \\[2ex] \dfrac{(n-1)(n-3)\cdots 4\cdot 2}{n(n-2)\cdots 5\cdot 3} & n\text{ は奇数} \end{cases}
$$

ガウス積分の計算にも使える

となる．この結果は，ウォーリスの公式，さらにはそれを用いてスターリングの公式を導くために利用され，非常に有名である．

(2)　置換積分の場合には，不定積分にこだわると最後に元の変数にもどさなければならないが，定積分で考えると，積分区間の方も変数変換に連動して変えていけばよいので，これも楽である．簡単な問題（高校の問題に過ぎない）だがこの辺の事情を説明するためのものである．

$\sqrt{2x-x^2}=\sqrt{1-(x-1)^2}$ であることより，$x=1+\sin t$ と変数を取り替えて置換積分を行う．このとき，変数 t の動く範囲は，$-\pi/2$ から $\pi/2$ になる．問題の積分は

$$\int_{-\pi/2}^{\pi/2}\cos^2 t dt=\int_{-\pi/2}^{\pi/2}\frac{1+\cos 2t}{2}dt$$
$$=\pi$$

不定積分でも説明はつくが気持がよくない

である．途中で，$\sqrt{\cos^2 x}$ のルートをはずす必要があるが，この区間では $\cos x \geq 0$ であるから，$\cos x$ となる．定積分だと，ここのところが曖昧でなくなり，気持ちがよい．　終り

問 8.2　次の定積分を行なえ．ただし，m，n は自然数．

(1) $\displaystyle\int_0^{\log\sqrt{3}}\frac{e^x}{(e^{2x}+1)^2}dx$　　(2) $\displaystyle\int_0^{\pi}\sin mx\sin nx\,dx$

2　広義積分

積分の中には，通常の積分とは異なって広義積分とよばれるものがある．それは，

$$\int_{-\infty}^{\infty}e^{-x^2}dx \qquad \int_0^1\frac{dx}{\sqrt{x}}$$

変な名前

のように，積分区間が無限区間になったり，ある点で関数が無限大に発散したりするようなものである．昔は異常積分とか変格積分とか暗い名前で呼ばれていたが，別におかしなものでもなく，実用上，教育上もごく自然なものであることが認識されて，広義積分と呼ばれることが多くなった．より進んだ立場のルベーグ積分などでは，積分は最初から広義積分を含んだ形で定義されている．また，本来広義積分でない積分が置換積分によって，表向き広義積分になってしまうことも多い．

ただ，広義積分を扱う場合には，通常の積分と違って，常に，収束発散を意識していなければならない．収束しない積分は，通常の場合無意味であるから．

広義積分の収束発散を考える際に重要なのは次の考え方である．

これも不等式を用いる数学

優級数の原理　$f(x), g(x)$ は $[a, \infty)$ で連続とする．さらにこの区間で，$|f(x)| \leq g(x)$ が満たされ，

対偶をとれば，発散の判定にも使える

$$\int_a^\infty g(x)dx < \infty$$

となっているとすると，$f(x)$ の広義積分も収束する．

広義積分の形態がいろいろ変わっても同様である．そこで，$g(x)$ になるべくわかりやすい関数をもってくるのがテクニックである．具体的には，下の例題の(1)において与えられるものを取れば良い．広義積分の収束発散については，簡便な判定法もあるが，このような不等式を使った考え方そのものの方が，応用上も重要なので，教養数学でもっと強調して教えるべきであると思う．級数の収束でも考え方は同じである．ただし，これは絶対収束する積分でないと直ちには適用されないことに注意しよう．

例題 3　次の積分を求めよ．(3)では先に積分の収束を示せ．

(1)　$\displaystyle\int_1^\infty \frac{dx}{x^\alpha}$　$(\alpha > 0)$　　(2)　$\displaystyle\int_0^1 \frac{dx}{x^\alpha}$　$(\alpha > 0)$

(3)　$\displaystyle\int_0^1 \log x\, dx$

解説　(1)　実数 α をパラメータに含んでおり，この値によって，収束したり発散したりする．

基本的な問題　あとで使う

$\alpha \neq 1$ とすると，

$$\int_1^M \frac{dx}{x^\alpha} = \left[\frac{1}{1-\alpha}x^{1-\alpha}\right]_1^M = \frac{M^{1-\alpha}-1}{1-\alpha}$$

これより，$M\to\infty$ とすることによって，$\alpha>1$ のときには収束して $\dfrac{1}{1-\alpha}$ になり，$\alpha<1$ のときには発散する．さらに，$\alpha=1$ のときには発散することもわかる．

もう一つの積分の方も同様に調べても良いが，実は $t=1/x$ と置換積分を実行すれば，二つの広義積分は移りあっていることがわかる．これらは，簡単な例ではあるが，広義積分の収束発散を論じる際の最も基本となるものである．

(3)　この積分は値を求められるのだが，収束することを先に調べてみよう．広義積分になっているのは $x=0$ のところである．

極限による判定法

$$\lim_{x\to+0}\sqrt{x}\log x=0$$

もっと一般に記述することもできる

であることから，x が 0 に近いところでは，

$$|\log x|\leq M\frac{1}{\sqrt{x}}$$

となる．これから収束がわかる．

$$\begin{aligned}\lim_{\varepsilon\to+0}\int_{\varepsilon}^{1}\log x dx&=\lim_{\varepsilon\to+0}\{-\varepsilon\log\varepsilon+1-\varepsilon\}\\&=-1\end{aligned}$$

となっている．さらに $\lim\limits_{x\to+0}x\log x=0$ を使った．　終り

問 8.3　次の広義積分を求めよ．ただし n は自然数とする．

(1)　$\displaystyle\int_0^1\frac{x\,\mathrm{Sin}^{-1}x}{\sqrt{1-x^2}}dx$　　(2)　$\displaystyle\int_0^1(\log x)^n dx$

α，β はいろいろ変わる

問 8.4　次の広義積分の収束発散を調べよ．ただし，α，β は正の実数とする．

$$\int_0^\infty\frac{dx}{x^\beta(1+x^{10})^\alpha}$$

さらに，級数の収束発散を広義積分を用いて調べる方法について，一つ例題をあげておこう．

例 題 4 次の級数の収束発散を調べよ．

$$\sum_{n=1}^{\infty}\frac{1}{n^p}$$

ただし，p は正の実数とする．

解 説 $y=\dfrac{1}{x^p}$ の積分の値と比べることになる．

積分と級数は似ている

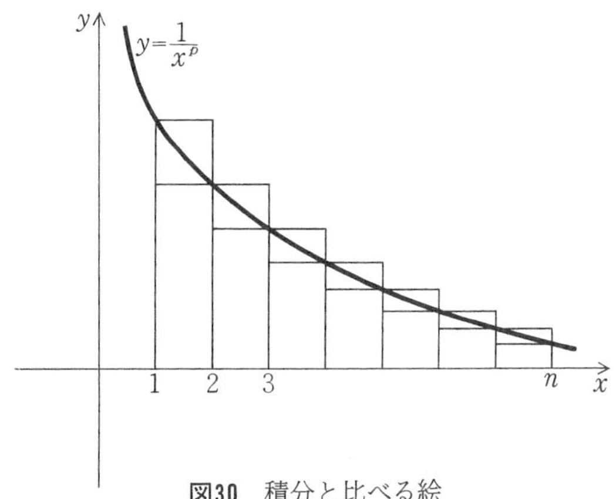

図30 積分と比べる絵

まず，$p>1$ の場合を考える．

$$\sum_{k=2}^{n}\frac{1}{k^p}<\int_1^n\frac{1}{x^p}dx$$

この場合，誤差は問題にならない

であり，右辺の式は，n をどんどん大きくしていくと，収束する広義積分である．$p\leq 1$ の場合には，$k=1$ からはじまる逆向きの不等式で考えれば発散することがわかる．終り

交代級数の和を求めるときに同じような，しかしもっと立入ったことを調べたことを思いだそう．

問 8.5 次の級数の収束発散を調べよ．

$$\sum_{n=10}^{\infty}\frac{1}{n\log n\log(\log n)}$$

3　不定積分によらない積分計算

さて，不定積分による積分の計算法は，必ずしも万能ではない．工学，物理学などで現われる積分では，特定の区間に関するものが多く，その中でも特に，広義積分になっているものが多い．このような積分については不定積分を求めることができなくても，別の方法によって定積分だけが求められることがしばしばある．

複素関数論を用いる方法もある

また，広義積分の中には，積分が収束することがわかって初めて，その事実を用いて，値を求められるものがある．奇妙な感じもするが，そのようなことがありえるのも，考察している広義積分の積分区間が自然性であることによるものである．

例題 5　次の積分を求めよ．

(1) $\displaystyle\int_0^{\infty} e^{-x^2}dx$　　(2) $\displaystyle\int_0^{\pi/2}\log(\sin x)dx$

解説　(1)　これが収束することは，$x\geq 0$ で，$0<e^{-x^2}<\dfrac{2}{x^2+2}$ などから直ちにわかる．値を求める方法としては，重積分の積分変数の変換を用いる方法が有名であるが，それは重積分を扱う章に譲ることにして，ここでは一松信著〝解析学序説〟（非常に良い本である）という本にも述べられている重積分を使わない方法を紹介してみよう．全く不定積分によらずに積分を計算する方法として，興味深い．また，ウォーリスの公式等を使う技法を含んでいる．

マクローリンの定理より

$$1-x^2<e^{-x^2}<\frac{1}{1+x^2}$$

がすぐにわかり，両辺を n 乗して 0 から 1 までおよび 0 から∞まで積分することによって，不等式

$$\int_0^1(1-x^2)^n dx<\int_0^{\infty}e^{-nx^2}dx<\int_0^{\infty}\frac{dx}{(1+x^2)^n}$$

がえられる．左の積分では $x=\cos t$，中央の積分では $t=\sqrt{n}x$，右の積分では，$x=\tan t$ と置換すると

$$\sqrt{n}\int_0^{\pi/2}\sin^{2n+1}t\,dt<\int_0^{\infty}e^{-t^2}dt<\sqrt{n}\int_0^{\pi/2}\sin^{2n-2}t\,dt$$

となる．左右にでてくる積分は，前の例題で扱ったものである．

収束だけなら簡単で，値までついでに求めよう

さて，両側が，$n\to\infty$ で収束することを示さなければならない．そのためには，なかなかのテクニックを必要とする．

$$I_n=\int_0^{\pi/2}\sin^n x dx$$

とおく．

$$I_{2n+1}\leq I_{2n}\leq I_{2n-1}$$

が成立っていることに注意．これを前の例題で求めた式で書換えると，

数え落とさないように

$$\frac{(2n)(2n-2)\cdots4\cdot2}{(2n+1)(2n-1)\cdots5\cdot3}\leq\frac{(2n-1)(2n-3)\cdots3\cdot1}{2n(2n-2)\cdots4\cdot2}\frac{\pi}{2}\leq\frac{(2n-2)(2n-4)\cdots4\cdot2}{(2n-1)(2n-3)\cdots5\cdot3}$$

となる．わかりにくいが，

$$(2n)(2n-2)\cdots4\cdot2=2^n n!$$

$$(2n-1)\cdots5\cdot3=\frac{(2n)!}{2^n n!}$$

であることに注意して，

$$\frac{1}{n+1/2}\frac{(2^n n!)^4}{((2n)!)^2}\leq\pi\leq\frac{1}{n}\frac{(2^n n!)^4}{((2n)!)^2}$$

となることがわかる．この式から，まず有名なウォーリスの公式

$$\lim_{n\to\infty}\frac{2^{2n}(n!)^2}{(2n)!}=\sqrt{\pi}$$

が従う．この式は，次のスターリングの公式を導くためにも使われ，特に確率統計において極めて重要である．

スターリングの公式

$$\lim_{n\to\infty}\frac{n!}{n^{n+(1/2)}e^{-n}}=\sqrt{2\pi}$$

さて，

$$\sqrt{n}I_{2n+1}=\frac{1}{2}\frac{1}{\sqrt{n}+1/2}\frac{(2^n n!)^2}{(2n)!}$$
$$\to\frac{\sqrt{\pi}}{2}$$

となる．右辺の方は独自に調べても良いが，次の不等式から，同じ値に収束することがわかる．

$$\sqrt{\frac{n}{n-1}}\sqrt{n-1}I_{2n-1}\leq\sqrt{n}I_{2n-2}\leq\sqrt{\frac{n}{n-2}}\sqrt{n-2}I_{2n-3}$$

不等式による等式の証明

なぜこのようなことが可能か考えてみよう

非常に手の込んだ回りくどい方法と思われるかもしれないが，微積分の程度が高くなっていくと，このような上と下から不等式で抑え込むようなやり方も増えてくるものである．

(2)　$\log(\sin x)$ の不定積分などは，どう頑張っても求めることはできそうもない．そこで何とかうまくやって，この区間だけでも積分の値を求めてやることを考える．この積分を I とおく．$x=2t$ と置換積分することによって，

極めて特殊な状況

$$I=\int_0^{\pi/2}\log(\sin 2t)dt$$
$$=\frac{\pi}{2}\log 2+\int_0^{\pi/2}\log(\cos t)dt+\int_0^{\pi/2}\log(\sin t)dt$$
$$=\frac{\pi}{2}\log 2+2I$$

となる．これから直ちに $I=-\frac{\pi}{2}\log 2$ と結論できるような気がするが，もしこの積分が収束していないとすると，両辺が無限大になって無意味に等号が成立している可能性がある．

そのような状況もあり得る

これが広義積分になっているのは，$x=0$ のところだけである．ほとんど対数関数なので，発散は非常に遅く，楽々と収束している．具体的に計算すれば

$$\lim_{x\to 0}\sqrt{x}\log(\sin x)=0$$

となることよりわかる．因みに，この積分はオイラーによって初めて計算されたそうである．　終り

問 8.6 次の広義積分を求めよ．

(1) $\displaystyle\int_0^\infty \frac{\log x}{1+x^2}dx$　　(2) $\displaystyle\int_0^\infty \frac{xe^x}{(1+e^x)^2}dx$

被積分関数がパラメータを含んでいる場合，積分はそのパラメータの関数になる．そのような積分の族の中で特に重要なものに，ガンマ関数，ベータ関数と呼ばれるものがある．

例題 6

$$\Gamma(s)=\int_0^\infty e^{-x}x^{s-1}dx \quad (s>0)$$

$$B(p,q)=\int_0^1 x^{p-1}(1-x)^{q-1}dx \quad (p>0,\ q>0)$$

とおく．これらの広義積分が収束すること，また次の関係式をみたすことを示せ．

関数等式という

(1) $\Gamma(s+1)=s\Gamma(s)$，$\Gamma(n)=(n-1)!$　(n は自然数)

(2) $B(p,q)=2\displaystyle\int_0^{\pi/2}\sin^{2p-1}x\cos^{2q-1}x\,dx$

解説 ガンマ関数の方だけ考える．この積分は $x=0$ のところと，積分区間が右に無限に広がるところが広義積分である．$x=0$ のところを考えよう．この近くでは

$x=0$ のところを忘れないように

e^{-x} はほとんど1であるから，x^{s-1} の収束発散と一致する．$x\to\infty$ のところでは，指数関数の方がどんな多項式よりもはるかに速く減衰することからわかる．ベータ関数の方についても，収束発散は同様である．一応，これらの関数は限定されたところでしか定義されていないが，複素変数に拡張すると，もっと広い範囲で考えられることが知られている．マセマティカによる複素関数としてのガンマ関数の絶対値のグラフを入れておこう．

ガンマ関数を知らないとおもしろくないであろう

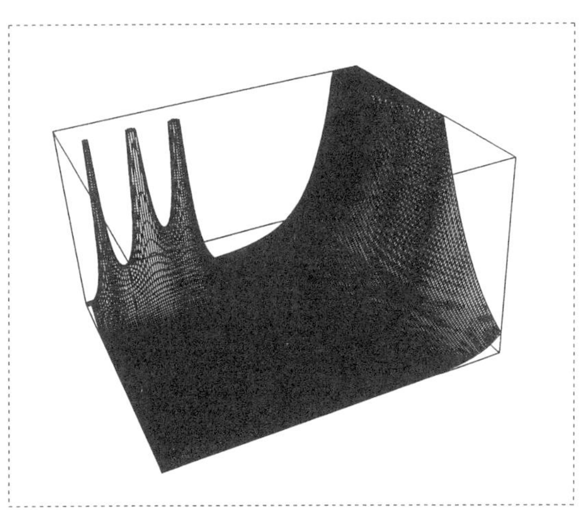

図31　マセマティカによるガンマ関数の絶対値のグラフ

(1)の式はガンマ関数が階乗の代用品となることを示す，有名な式である．単純な部分積分を行うことによってえられる．

$$\begin{aligned}&\Gamma(s+1)\\&=[-e^{-x}x^s]_0^\infty+s\int_0^\infty x^{s-1}dx\\&=s\Gamma(s)\end{aligned}$$

s が自然数 n のときは，漸化式と $\Gamma(1)=0!$ となることによって，右の式もわかる．

ベータ関数の方は，$x=\sin^2 t$ と置換積分することによって，容易にわかる．これは，よく知られた三角関数の積分とベータ関数の関係を表わす式で，あとで用いる．ガンマ，ベータ関数のみたす関係式は他にも多くあるが，きりがないので少し，問に取入れるに止める．　終り

問 8.7　次の式を示せ．n は自然数，t は正の実数とする．

(1)　$B\left(n-\dfrac{1}{2},\ \dfrac{1}{2}\right)=2\displaystyle\int_0^\infty \frac{dx}{(1+x^2)^n}$

(2)　$\Gamma(t)=\displaystyle\int_0^1\left(\log\frac{1}{x}\right)^{t-1}dx$

これらの積分は，パラメータが特別の値でない限り，もうこれ以上簡単な関数によって表わすことはできないが，それ自身を既知の関数と考えることにして，わかったものとすることが多い．ついでながら，このような初等関数で表わされないポピュラーな関数を特殊関数と呼び，物理学，工学などではお馴染みのものである．

〝特別に〟重要な関数

これらの関数の重要性は，さらに次の関係式が成立することによってさらに強まる．

$$B(\alpha,\ \beta)=\frac{\Gamma(\alpha)\Gamma(\beta)}{\Gamma(\alpha+\beta)}$$

この式の証明は，重積分の章に回す．これを用いることによって簡単になる積分の問題を例題としてあげておこう．

例題 7　次の積分を求めよ．

$$\int_0^{\pi/2}\sin^n x\cos^m x dx \qquad (m,\ n \text{ は負でない整数である})$$

漸化式による方法

解説　これは，部分積分を繰り返し行なって n，m の次数を下げることによっても計算することができるが，出てくる度に毎回そのようなことをやるのは賢明とはいえない．そこで **例題 6** の(3)を使って，この積分をベータ関数で表わす．

$$\int_0^{\pi/2} \sin^n x \cos^m x dx$$
$$= B\left(\frac{1}{2}n+\frac{1}{2},\ \frac{1}{2}m+\frac{1}{2}\right)$$
$$= \frac{\Gamma\left(\frac{1}{2}n+\frac{1}{2}\right)\Gamma\left(\frac{1}{2}m+\frac{1}{2}\right)}{\Gamma\left(\frac{1}{2}n+\frac{1}{2}m+\frac{1}{2}\right)}$$

ガンマ関数の値も結局は部分積分だがこの方が簡単

求める積分をガンマ関数によって表わすことができた．このあとは，n，m が偶数か，奇数かなどで異なるが，ガンマ関数の漸化式と，$\Gamma(1/2)=\sqrt{\pi}$ となることを組合せれば良い．三つの場合に分かれるので，$n=2k+1$，$m=2l+1$の場合のみ，答えをかくと，

$$\frac{\Gamma(k+1)\Gamma(l+1)}{\Gamma(k+l+2)!} = \frac{k!\,l!}{(k+l+1)!}$$

となる．　終り

問 8.8　(1)　次を示せ．

$$B(p, q) = \int_0^\infty \frac{t^{p-1}}{(1+t)^{p+q}} dt$$

(2)　次の広義積分を(1)を用いて計算せよ．

$$\int_0^\infty \frac{t^4}{(1+t)^8} dt$$

積分は，意外に線型代数と関連があることがわかる．この先へ行くと，関数解析という学問へ突き進むことになる．

積分は線型混算

例題 8

$$P_n(x) = \frac{1}{2^n n!} \frac{d^n}{dx^n}(x^2-1)^n$$

とおくとき，$P_n(x)$ が n 次の多項式（ルジャンドル多項

式とよぶ）になることを示せ．さらに次の積分の値を求めよ．

$$\int_{-1}^{1} P_m(x)P_n(x)dx \qquad (n,\ m \text{ は自然数})$$

解 説　$2n$ 次の多項式を n 回微分するのだから，当然 n 次の多項式になる．従って，P_0 から P_n までを全てあつめると，高々 n 次の多項式全体のなすベクトル空間の一つの基底をなす．このベクトル空間には色々な内積の入れ方があるが，f，g に対して，

$n+1$ 次元ベクトル空間

$$\langle f, g\rangle = \int_{-1}^{1} f(x)g(x)dx$$

によって，ある内積が決まる．上のことは，この内積に対してルジャンドル多項式同士がどのような内積をとるかを求めることが問われているのである．

$m \neq n$ の場合を考えよう．この場合には，0 になる．$k<n$ に対して，

x^k が基底だから

$$\int_{-1}^{1} x^k P_n(x)dx = 0$$

を示せばよい．これは，次のような手順で示される．$l<n$ とする．ライプニッツの公式によって $(x^2-1)^n$ を l 回微分すると，各項が $(x-1)(x+1)$ を因数にもつことがわかる．このことを頭におき，求める積分をどんどん部分積分していく．一度部分積分すると，

$(x-1)^n(x+1)^n$ としてライプニッツの公式を使う

$$\left[x^k \frac{1}{2^n n!}\frac{d^{n-1}}{dx^{n-1}}(x^2-1)^n\right]_{x=-1}^{x=1} - k\int_{-1}^{1} x^{k-1}\frac{d^{n-1}}{dx^{n-1}}(x^2-1)^n dx$$

となる．$x=\pm 1$ を代入する項は上の注意から 0 になる．このように部分積分を繰返して行くと，x^k がどんどん微分されて，ついには 0 になってしまう．$m<n$ とすれば，$P_m(x)$ の各項の次数は全て n より小さいから，上のことによって 0 になる．

$m=n$ のときは，$P_n(x)^2$ を積分することになるから，当然正の数になる．これも計算してみよう．上の計算が使える．$x^k P_n(x)$ $k<n$ の積分は全て 0 になってい

るのだから，$P_n(x)$ の最高次の係数がわかれば良い．これは，

$$\frac{2n(2n-1)\cdots(n+1)}{2^n n!}$$

である．部分積分を n 回行なうことになる．

部分積分

$$\begin{aligned}&\int_{-1}^{1} P_n(x)P_n(x)dx\\&=\frac{2n(2n-1)\cdots(n+1)}{2^n n!}\int_{-1}^{1} x^n P_n(x)dx\\&=\frac{2n(2n-1)\cdots(n+1)}{2^{2n}(n!)^2}(-1)^n n!\int_{-1}^{1}(x^2-1)^n dx\\&=\frac{(2n)!}{2^{2n}(n!)^2}2\int_0^1(1-x^2)^n dx\\&=\frac{(2n)!}{2^{2n}(n!)^2}B\left(n+1,\ \frac{1}{2}\right)\\&=\frac{2}{2n+1}\end{aligned}$$

最後に，ベータ関数とガンマ関数の関係式などを使った．

なお，ルジャンドル多項式が満たしている微分方程式を使って直交性を示す方法もあり，これについては補章で触れる．

これをまとめると，$\left\{\sqrt{\frac{2}{2k+1}}P_k : k=0 \ldots k=n\right\}$ は上で決めた内積付きベクトル空間の正規直交基底であるという線型代数の結果がえられる．これだけでは何の意味があるのかよくわからないが，このような性質は微積分のより高度な応用に進んだときに重要になってくるだろう．　終り

球面上の関数の球関数展開

この例題にあげたような多項式の族を直交多項式と言う．直交多項式は，応用上重要で，いろいろ知られている．次に一つだけ**問**の形で紹介する．

問 8.9　二つの多項式 $f(x)$，$g(x)$ に対して，

内積が異なっている

$$\langle f, g\rangle = \int_{-\infty}^{\infty} f(x)g(x)e^{-x^2}dx$$

によって内積を定義する．自然数 n に対して，

$$H_n(x) = (-1)^n e^{x^2}\frac{d^n}{dx^n}e^{-x^2}$$

とおき，エルミートの多項式と言う．$n \neq m$ のとき，$\langle H_m, H_n\rangle = 0$ となることを示せ．

当然ながら，数式処理ソフトウエアは，不定積分が実行できるものでない限りは無力である．近似計算については，シンプソンの公式などを用いて適当な言語でプログラムを組む方が早いだろう．

ただし，数少ないながらいくつかの広義積分が登録されているようである．

第9章　変数を増やしてみよう　積分版

多変数の積分は単なるくり返し積分ではない．$dxdy$ をひとまとめに扱うことで，微積分に大きな自由度と豊富な内容を与えることになる．ここにも線型代数の行列式の応用がある．

さらに，ここでは触れられなかったが，物理学・工学などへの多変数の積分の応用は非常に広い．

1　定義と繰り返し積分

一変数の積分が面積とか，道のりの計算に必要であったように，体積の計算には二変数以上の積分が必要である．二変数以上は理論的には似たようなものだから二変数で説明してみよう．

一変数の場合には，積分範囲としては区間だけを考えていれば良かった．そもそも不定積分というものは$[a, x]$などと，区間の一方の端を変数にしたものである．それで済んでいたのは，直線の連結な部分集合が区間に限るということからきているのである．二変数の場合，$z=\sqrt{a^2-x^2-y^2}$ という関数を考えてみても，定義域が半径aの円盤になり，二変数の意味での区間にはなっていない．この円盤で上の関数を積分して，半径aの球の体積の半分が出るようにしておかなければならない．

しかし，まともな領域である

うるさいことを言えば，積分範囲となるべき図形の性質も問題となり，境界が余りへんな形をしていては困るとなっている．一変数の積分が階段関数による近似で定義されたのとおなじように，二変数の階段関数を使えば良い．そこで，区間を小区間に分割したように平面上の図形を座標軸に平行な小長方形に分割しなければならない．そのときに，図形の境界にまたがるところで，必ず凹凸が出る．小長方形による分割をどんどん細かくしていったときに，境界にまたがる部分の比率が小さくなっていくことが必要となり，これが積分領域に課せられた条件である．ジョルダン可測性と呼ばれる．

この部分は一変数積分ではなかった

それ以外に，こんどは関数の方に課せられる条件もあるが，こちらの方は連続性程度で十分である．分母が0になるかどうかぐらいに注意していればよいであろう．

定義　fを平面上の有界な領域Dで定義された連続な関数とする．Dを含む長方形 $[a, b]\times[c, d]$ を考え，fはDの外では0であるとして，拡張しておく．$[a, b]$を小区間 $[x_i, x_{i+1}]$, $i=0, \cdots, n$ と，$[c, d]$ を小区間 $[y_j,$

$y_{j+1}]$, $j=1$, …, m と分割する．さらに，それぞれの小区間から，ξ_i, η_j を任意に取る．一変数の場合と同様に

ξ_i, η_j はもっと一般に取ってよい

$$\sum_{i,j=0}^{n,m} f(\xi_i, \eta_j)(x_{i+1}-x_i)(y_{j+1}-y_j)$$

を考える．分割をどんどん小さくしていくとこれは一定の値に収束するときこれを

$$\iint_D f(x, y)dxdy$$

とかき，f の D 上の重積分と呼ぶ．

不定積分にあたるものは，手軽には定義できそうにない．定義しようとすれば集合変数の関数と言うことになるが，一変数のように積分の計算に役立つというものでもないようである．

さて，極限を取る前の式（リーマン和）をみると，i と j は独立に加えられている．従って，その式は

$$\sum_{i=0}^{n}(x_{i+1}-x_i)\sum_{j=0}^{m}(y_{j+1}-y_j)f(\xi_i,\ \eta_j)$$

となっているから，まず，y 変数の方で，加えておき，結果を x 変数で加えることになっている．従って，それぞれ極限を取って考えると，y で積分して，その結果現れた x だけの関数を x で積分することになっている．

以前，〝変数を増やそう〟の章で述べたように，二変数の極限と，xy それぞれ単独の極限を取ることを繰返すことは微妙に意味が異なってくるのだが，f としてよい関数を考えている通常の場合には，問題にならないことがわかっている．このことを，大体数学者はフビニの定理などと大げさに呼んでいる．もちろん大げさに言うだけの価値はあるのだが，普通の学生諸君は，大体成立するものと思っていてよいだろう．

分母が 0 になるような状況ではあぶない

すなわち，$y=k(x)$, $y=h(x)$, $x=a$, $x=b$ で囲まれた領域を D とすると，

$$\iint_D f(x, y)dxdy = \int_a^b dx \int_{k(x)}^{h(x)} f(x, y)dy$$

となる．もちろん x と y の立場をかえても同じである．右辺を繰り返し積分，または累次積分と呼ぶ．

たてに見るか横に見るか

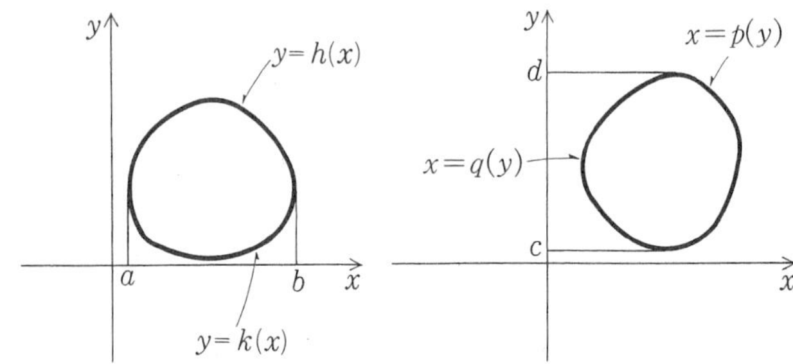

図32　積分の繰り返し

繰り返し積分は一変数の積分を繰り返すだけであり，計算法としてもわかりやすい．だから，繰り返し積分が二変数の積分だと思って，よさそうである．では，なぜわざわざ重積分のわかりにくそうに見える定義を行って，後から，フビニの定理などといって，繰り返し積分と比べるのであろうか．

もちろんそれはちゃんとした理由があり，そうしないと計算できない例もあるからである．それは後で，順次例題として，あげていきたい．重積分の計算の中で最もやさしいものは，積分領域が座標軸に平行な長方形

$$D = \{(x, y) : a \leq x \leq b,\ c \leq y \leq d\}$$

（これを区間の直積とよび，$[a, b] \times [c, d]$ などとかく.）であって，被積分関数が $f(x, y) = p(x)q(y)$ とそれぞれの一変数の関数の積になっている場合である．この場合

ほとんど一変数の問題

$$\iint_D f(x, y)dx\,dy = \int_a^b p(x)dx \cdot \int_c^d q(x)dy$$

となる．確率論でいえば，分布が独立になっている場合

である．さらに，被積分関数が積の形の和になっている場合もよく現れる．

例題 1　次の重積分を行え．

(1)　$\iint_D (x+y)dx\,dy$

$D=\{(x, y)\,;\,0\leq x\leq 1$ で $0\leq y\leq x$,
$1\leq x\leq 2$ で $x\leq y\leq 1\}$

(2)　$\iint_D (x^2+3xy+y^2)dx\,dy$

$D=\{(x, y)\,;\,a\leq x\leq b,\ c\leq y\leq d\}$

解説　(1)　何の変哲もない重積分の問題だが，一つのポイントは，どちらの変数で先に積分するかである．問題の中にかいてある領域のかきかたは，解答者を惑わすためのものであり，実際には先に x 変数の方で積分した方が簡単になる．

逆順にすると3つの積分の和になってしまう

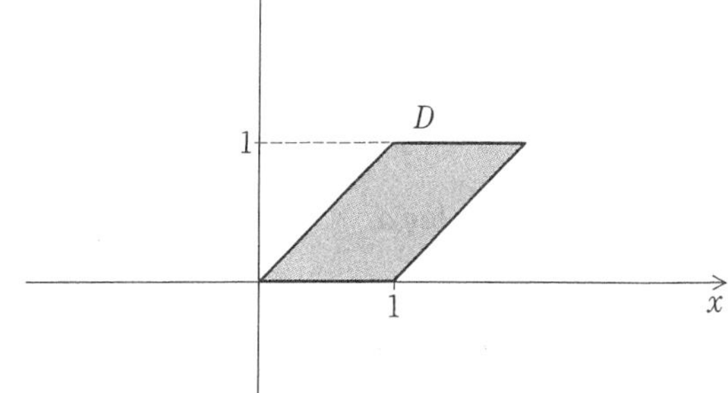

このような図をかいて考えよう

図33　積分領域

$$\int_0^1 dy\int_y^{y+1}(x+y)dx$$
$$=\int_0^1\frac{5}{2}y^2dy=\frac{5}{6}$$

(2)　普通にやっても良いが，3つに分けてしまうのが良く使われる比較的うまいやり方である．

$$\begin{aligned}
&\iint_D (x^2+3xy+y^2)dx\,dy \\
&=\iint_D x^2 dx\,dy+\iint_D 3xy\,dx\,dy+\iint_D y^2 dx\,dy \\
&=\int_a^b x^2 dx\cdot(d-c)+\int_a^b 3x\,dx\cdot\int_c^d y\,dy \\
&\qquad\qquad\qquad +(b-a)\cdot\int_c^d y^2 dy \\
&=(b-a)(d-c)\left\{\frac{b^2+ab+a^2}{3}+\frac{3(b+a)(d+c)}{4}\right. \\
&\qquad\qquad\qquad\left. +\frac{d^2+dc+c^2}{3}\right\}
\end{aligned}$$

となる．x の関数と y の関数の積にそのままなっている場合には気づきやすいが，このように，x だけの関数と y だけの関数の積の和にかけている場合にも，計算は非常に簡単になる．被積分関数と，積分領域のどちらかが，うまく条件を満たしてくれないとむずかしくなるのが，重積分のややこしいところではある．　終り

そのような問題もある

問 9.1　(1)では積分順序を交換せよ．(2)では重積分を行え．

(1)　$\displaystyle\int_{1/2}^1 dy\int_{y^2}^{\sqrt{y}} f(x,y)dx$

(2)　$\displaystyle\iint_D \log x^5 y^7\,dx\,dy \qquad D=\{(x,y) : 1\leq y\leq x\leq 3\}$

繰り返し積分の問題の中では，そのまま計算したのではうまく行かない例がある．例えば次の例題をみてみよう．

例 題 2　次の繰り返し積分を計算せよ．

$$\int_0^1 dy\int_{\sqrt{y}}^1 e^{y/x}dx$$

解 説　x に関する不定積分を行おうとして幾ら頑張ってもそれは，不可能なことである．だから，そこでこれ

積分できない！

が重積分のかきなおしでもあるという事実を思いだして，重積分を介して積分順序を変えてみる．

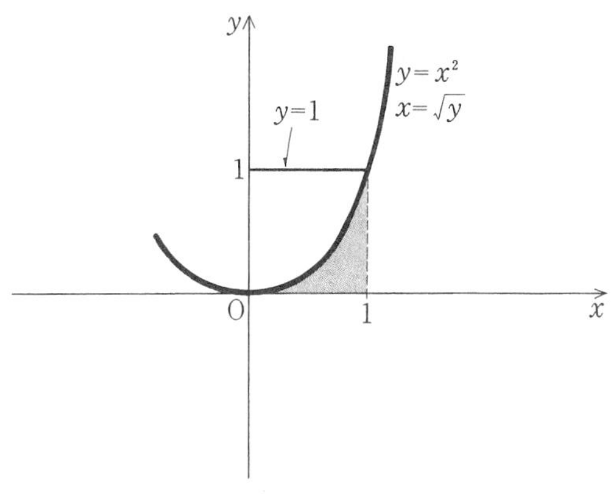

図34　変数変換の絵

積分順序を変えると，積分区間の形も変わることに注意して，

$$\int_0^1 dx \int_0^{x^2} e^{y/x} dy$$

分子にあるから

とすると，あら不思議，y に関して積分できるのは当然としても，積分した結果をみると，x に関しても積分できるようになってしまう．すなわち，

$$\int_0^1 (xe^x - x)dx = \frac{1}{2}$$

である．

重積分，フビニの定理は，具体的な計算に使われる

いささか，意外なことではあるが，このことは重積分が内部にもっている自由度の大きさと，前にあげたフビニの定理なるものの実は強力のものであることを，示唆している．やはり，数学者が有難がるだけのことはあるのだ．　終り

問 9.2　次の繰り返し積分を計算せよ．

$$\int_0^1 dx \int_0^x \frac{e^y}{\sqrt{(1-x)(x-y)}} dy$$

変数は二個でやってきたが，変数が増えても本質的には同じことである．数学ではよくあることだが，一と二の違いは極めて大きくて，二と三の違いは小さいのである．従って，簡単な三重積分についても，繰り返し積分によって計算を行うことができる．ただ，積分する順番についての自由度が増えるので，積分順序について気を付けなければならない．また，もう一つ，繰り返し積分で表わすときの積分区間のかきかたも，変数が増えるだけ複雑になっているので，注意しよう．

例題 3　次の三重積分を計算せよ．

$$\iiint_D \frac{1}{(1+x+y+z)^4}\,dx\,dy\,dz$$

三角すい

$$D=\{(x,y,z)\,;\,0\leq x,\ 0\leq y,\ 0\leq z,\ x+y+z\leq 1\}$$

解説　極く普通の当たり前の問題であるが，私の長くもない経験から言えばこのような問題でさえ，試験に出題すると，重積分に関する理解力（計算力ではない）を計ることができるものである．

積分区間がまちがいやすい

$$\int_0^1 dx\int_0^{1-x} dy\int_0^{1-x-y}\frac{1}{(1+x+y+z)^4}\,dz$$

を順次 z， y， x の順番に積分していくことになる．

$$\int_0^1 dx\int_0^{1-x}\frac{1}{3}\left\{\frac{1}{(1+x+y)^3}-\frac{1}{8}\right\}dy$$

$$=\int_0^1\frac{1}{3}\left\{-\frac{1}{4}+\frac{1}{8}x+\frac{1}{2}\,\frac{1}{(1+x)^2}\right\}dx$$

$$=\frac{1}{12}$$

終り

問 9.3　次の三重積分を行え．

$$\iiint_D \cos(x+y+z)\,dx\,dy\,dz$$

$$D=\{(x,y)\,:\,0\leq z\leq y+x,\ 0\leq y\leq 2x,\ 0\leq x\leq \pi/2\}$$

重積分では，一回目の計算は楽でも，その結果をもう一度計算するのが大変になる場合が多い．だから，オリジナルな問題を作るのも大変なのであり，問題のバリエーションは多くない．難しいことで有名な問題として次がある．

どの教科書にも同じ問題がある

$$\iint_D \sqrt{4xy-x^2}\,dx\,dy \qquad D=\{(x,y):x^2+y^2-2xy\leq 0\}$$

これまたコンピュータにやらせたいものである．

2　重積分の置換積分

さて，一変数の積分でさえ，直ちに原始関数が見つかって，一件落着となるような積分は簡単なものであって，なにがしかのテクニックが必要になるのが普通であった．その中で，最もポピュラーなものは，言うまでもなく置換積分と部分積分であった．残念ながら，重積分の計算に役立つ部分積分というものはなく，ベクトル解析におけるガウス・グリーン・ストークスなどがこれにあたると言えるだろうが，少し意味がちがってくるようだ．

置換積分は，例えば，$x=f(u)$, $y=g(v)$ と変数ごとに置換してやれば，一変数の置換積分とほぼ同様に計算することができよう．しかし，変数の組 x, y をもう一つの組 u, v (u, v でなくてもよい) に変換するやり方は，上のようなものだけではない．最もよく使われて，しかも自明でない例が二変数の極座標であり，$x=r\cos\theta$, $y=r\sin\theta$ であるから，x と y が組になって変換されている．このような変換を扱うことが，重積分を繰り返し積分としてではなく，ちゃんと定義しておかなければならない最大の理由である．

$dx\,dy$ を一体で考える

変数変換の一般的な形は u, v を新しい変数として，$x=x(u,v)$, $y=y(u,v)$ とかける．一変数の置換積分を思いだしてみると，置換積分 $x=h(t)$ を行うと，

$$\int_a^b f(x)dx=\int_\alpha^\beta f(x(t))h'(t)dt$$

となり，積分区間がかわるだけではすまず，dt の前に $h'(t)$ の形の項が入らなければならない．

この理由は，変数変換をある点の近くで一次関数で近似したときの長さの比が $|h'(t)|$ となることを意味している．向きを逆にする場合に負になる．二変数の場合，$dx\,dy=$(あるもの)$du\,dv$ の(あるものは)，ヤコビアンと呼ばれ，

$dx\,dy$ は実は外積である

$$\det\begin{pmatrix} \dfrac{\partial x}{\partial u} & \dfrac{\partial y}{\partial u} \\ \dfrac{\partial x}{\partial v} & \dfrac{\partial y}{\partial v} \end{pmatrix}$$

の絶対値である．一変数の場合も，実は一行一列の行列式である．簡単すぎて，一変数から多変数への類推は全く不可能である．このようなものがでてくる理由は，一次変換が面積を変える割合が，行列式の絶対値であること，また，上の変換 $x=x(u,v)$, $y=y(u,v)$ が，ある点の極く近くで，一次変換で近似すると，ヤコビ行列

$$\begin{pmatrix} \dfrac{\partial x}{\partial u} & \dfrac{\partial y}{\partial u} \\ \dfrac{\partial x}{\partial v} & \dfrac{\partial y}{\partial v} \end{pmatrix}$$

で表わされることから，大体わかる．

少しゆがんで移る

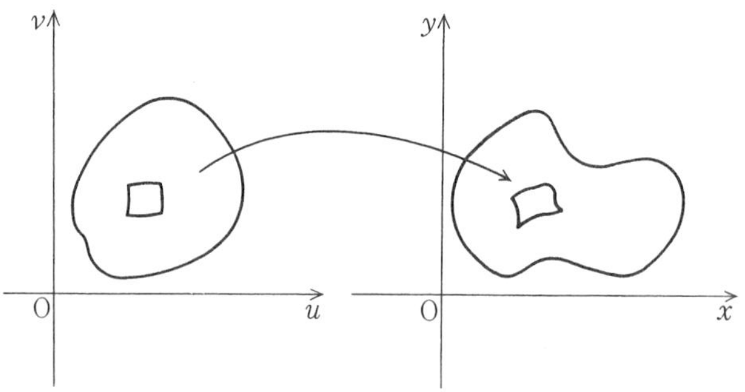

図35　重積分の積分変換

この公式の厳密な証明は結構大変であるが，線型近似

の誤差の評価の繰り返しに過ぎない．一般の学生諸君はあまり気にする必要はない．

それより，一変数では絶対値がついていないのに，二変数になると，絶対値がついてしまう理由を考えてみよう．それは，変数変換は図形を拡大縮小するのみならず，むきまでも変えてしまうのである．一変数の場合には区間を逆にすれば向きが逆になるが，二変数以上の積分においては，向きを考えないことになっているから，絶対値を付けておかねばならないのである．

右手系と左手系

ただし，ガウス・グリーン・ストークスの定理を考える場合には，積分を行なう曲面などに向きを付けておかないと辻褄があわなくなる．ベクトル解析に入ると手のひらを返したように，向きの付いた積分を考えるので，皆わからなくなってしまうのではある．

例題 4　次の重積分を計算せよ．

(1)　$\iint_D e^{-(x^2+y^2)}dx\,dy \quad D=\{(x,y)：x^2+y^2\leq R^2\}$

(2)　$\iint_D dx\,dy \quad D=\{(x,y)；1\leq xy\leq 2,\ 1\leq y/x\leq 2\}$

解説　(1)　これは広義積分の例の方が有名であり，あとでとりあげる．不定積分 $\int e^{-x^2}dx$ が決して求めることができないことに注意すると，単純な x と y の繰り返し積分では計算できないことがわかる．これは極座標にするとうまくいく典型であり，関数も積分領域も，原点からの距離だけによっている．$x=r\cos\theta$，$y=r\sin\theta$ とすると，ヤコビアンは r になるので，積分は

$$\int_0^R dr\int_0^{2\pi}e^{-r^2}d\theta=2\pi\int_0^R e^{-r^2}rdr$$
$$=2\pi(1-e^{-R})$$

重積分のメリット

となる．ヤコビアンの r が出てくるために積分が計算できるのは皮肉なことである．

(2)　これは，D の面積を求めるために，恒等的に 1 になるような関数を D の上で計算する方法をとることにす

3つの積分の和

る．もちろんこのDの面積は，普通に一変数の定積分をやれば求められる．その計算は，難しくはないが見通しが悪くうっとうしい．読者に委ねることにしよう．

ここでは，重積分のままにして計算することを考えよう．積分論が先に進むと，このやり方が自然になって来る．(測度，という言葉が喉から手がでるほど使いたくなる) $y=f(x)$ などの形にこだわる必要が無くなり，自由な変数変換が行えることになる．

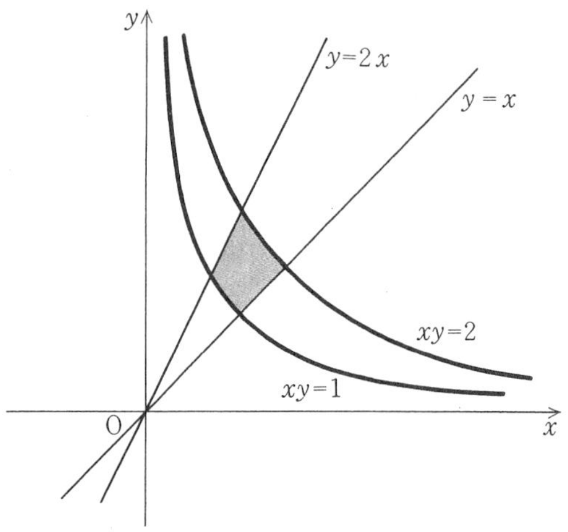

図36　4つの曲線によって囲まれる部分

xy と y/x によって空間に座標を入れたことになる

$y/x=u$，$xy=v$ と変数変換する．$x=u^{-1/2}v^{1/2}$，$y=u^{1/2}v^{1/2}$ だから，ヤコビアンは，$-\dfrac{1}{2u}$ となり，積分は

$$\int_1^2 dv\int_1^2 \frac{1}{2u}du=\frac{1}{2}\log 2$$

となる．極座標によって表わされる図形の面積など，このやり方の方が，簡単になることが多い．　終り

問 9.4　変数変換によって次の重積分を計算せよ．

(1)　$\displaystyle\iint_D \exp\left(\frac{x-2y}{3x+y}\right)dx\,dy$

$$D=\{(x, y) : 2y \leq x,\ 0 \leq 2x+3y,\ 1 \leq 3x+y \leq 2\}$$

(2) $\iint_D dx\, dy \qquad D=\{(x, y) : \sqrt[10]{x}+\sqrt[10]{y} \leq 1, x \geq 0, y \geq 0\}$

問 9.5 $x=r\cos^2\theta$, $y=r\sin^2\theta$ と変換することによって，$(x+y)^5=x^2y^2$ が囲む部分の面積を計算せよ．(これは極座標変換ではない．)

3　広義重積分

一変数の積分においては，広義積分が特に応用上極めて大切であった．重積分においても当然広義積分を考えることができ，また同じく大切なものである．考え方は同じであるが，有界な領域とか，有限な関数で近似していくときに，1変数の場合と，2変数以上の場合においては，近似の自由度が段違いになり，絶対収束でないような場合には非常に微妙な問題が持上がり，注意が必要である．従って，ここではまるで問題のなさそうな場合のみを取り扱うことにする．

理論はやっかいになる

例題 5　次の広義重積分を計算せよ．

(1) $\iint_D e^{-(x^2+y^2)} dx\, dy \qquad D=\{(x, y) : 0 \leq x,\ 0 \leq y\}$

(2) $\iint_D \dfrac{x+y}{x^2+y^2}\, dx\, dy$

$$D=\{(x, y) : 0 \leq x \leq 1,\ 0 \leq y \leq 1,\ (x, y) \neq (0, 0)\}$$

解説 (1) **例題 4** と同様，極座標変換によってうまくいく．被積分関数は正値なので広義積分にかかわる問題点はない．第一象限全体を近似する有界領域として，

絶対収束している

$$\{(x, y) ; 0 \leq x,\ 0 \leq y,\ x^2+y^2 \leq R^2\}$$

をとればよい．**例題 4** により，この積分の値は，$(\pi/4)(1-e^{-R})$ となるので，$R \to \infty$ として，$\pi/4$ を得る．左辺が x-y 座標に関する繰り返し積分でかけることを逆手にとって，

$$\left(\int_0^\infty e^{-x^2}dx\right)^2=\frac{\pi}{4}$$

となり，これから有名なガウス積分の値，

$$\int_0^\infty e^{-x^2}dx=\frac{\sqrt{\pi}}{2}$$

直交座標も絶対ではない

を得る．一変数の積分は前回のように極めて巧みな計算をしないと求まらないものが，わざわざ二変数にして，そこでの自由度の大きさを利用して計算できる例として，極めて有名である．また，繰り返すがフビニの定理の偉大性を実証するものでもある．

1回積分したあとがややこしい

(2)　これは違うタイプの問題で，原点だけで関数が発散している例である．原点の近くをはずした領域で近似していくのだが，やり方がいろいろ考えられるところであり，解答者の腕の見せどころである．直交座標でやり通すのももちろん一つのやり方であり，その場合には，$\varepsilon>0$ として，$D_\varepsilon=\{(x,y)\,;\,\varepsilon\leq x\leq 1, \varepsilon\leq y\leq 1\}$ と置くのがよい．原点の近くだけでなく，x 軸，y 軸の近くもばっさりと削ってしまうのである．この計算は読者に委ねることにしよう．

ここでは，極座標を採用してみる．そうすると，同じく $\varepsilon>0$ として，原点を中心として，半径が ε の円盤をくりぬいたものを D_ε とする．

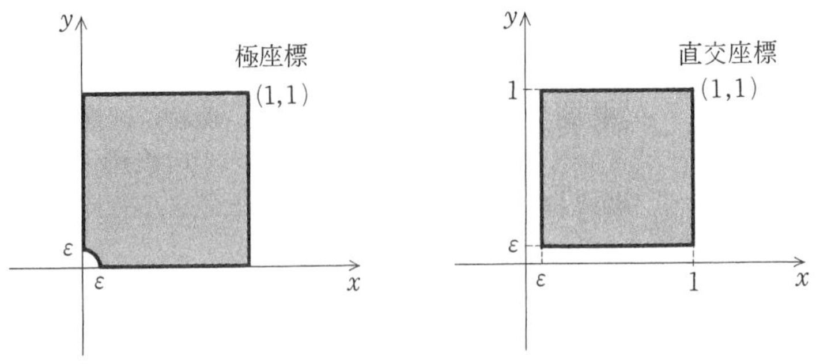

図37　極座標を使ったときと直交座標を使ったときの積分領域

$$\iint_{D_\varepsilon}\frac{x+y}{x^2+y^2}\,dx\,dy$$
$$=2\int_0^{\pi/4}d\theta\int_\varepsilon^{1/\cos\theta}(\cos\theta+\sin\theta)dr$$
$$=2\int_0^{\pi/4}(1+\tan\theta)d\theta-2\varepsilon\int_0^{\pi/4}(\cos\theta+\sin\theta)dx$$

となる．後ろの積分は通常の積分だから，$\varepsilon\to 0$ とすると，後ろは0になってしまう．前だけを計算して，答え $\pi/2+\log 2$ を得る．極座標に変換したとたんに広義積分の影すら無くなってしまうのは，興味深い． 終り

広義積分を特別あつかいするのはおかしい

問 9.6 次の広義積分を計算せよ．(1)は特異点が多数あり，(2)は物理に関係してなかなか難問である．$a\geq 0$ とする．

(1) $\displaystyle\iint_D\frac{dx\,dy}{\sqrt{x^2-y}}\qquad D=\{(x,y):0\leq y<x^2\leq 1\}$

(2) $\displaystyle\iiint_D\frac{dx\,dy\,dz}{\sqrt{x^2+y^2+(z-a)^2}}$
$D=\{(x,y,z):x^2+y^2+z^2\leq 1\}$

一変数の広義積分を考えたときに，ガンマ関数とベータ関数が導入され，それらが，基本的な関係式

おぼえておくべき公式

$$B(\alpha,\beta)=\frac{\Gamma(\alpha)\Gamma(\beta)}{\Gamma(\alpha+\beta)}$$

を満たすことがアナウンスされていた．更にはそれを用いて，$\displaystyle\int_0^{\pi/2}\sin^n x\,dx$ などの積分が簡単に計算されていた．実は上の式も重積分の変数変換を用いないと，うまくいかないのである．

例題 6 上の関係式を証明せよ．

解説 通常行われているてっとりばやい方法ではなく，少し回りくどい方法をとる．ベータ関数と，ガンマ関数についての次のよく知られた変形に注意しよう．

$$B(\alpha, \beta)=2\int_0^{\pi/2}\sin^{2\alpha-1}t\cos^{2\beta-1}t\,dt$$
$$\Gamma(\alpha)=2\int_0^{\infty}e^{-r^2}r^{2\alpha-1}dr$$

これと極座標変換の逆を途中で用いることによって，

$$\begin{aligned}
&B(\alpha, \beta)\Gamma(\alpha+\beta)\\
&=4\int_0^{\pi/2}dt\int_0^{\infty}e^{-r^2}r^{2(\alpha+\beta)-1}\sin^{2\alpha-1}t\cos^{2\beta-1}t\,dr\\
&=4\iint_D e^{-r^2}(r\sin t)^{2\alpha-1}(r\cos t)^{2\beta-1}r\,dr\,dt\\
&=2\int_0^{\infty}e^{-x^2}x^{2\alpha-1}dx\cdot 2\int_0^{\infty}e^{-y^2}y^{2\beta-1}dy\\
&=\Gamma(\alpha)\Gamma(\beta)
\end{aligned}$$

ガウス積分の重積分による計算が，実はこの計算で $\alpha=\beta=\frac{1}{2}$ とおいた特別の場合であることに気づかれたであろうか．　終り

発見が難しいが計算は早い

問 9.7　ガンマ関数とベータ関数の関係式を，$x=u-uv$, $y=uv$ と変換することによって証明して見よ．一般にはこちらの方がよく知られている．

物理では，多変数の広義積分など日常茶飯事である．物理を勉強すると多分感受性がいささか麻痺してきて，数学の難しい式が少しは見慣れたものになってくるものである．

第10章　教養の微分方程式

微分方程式は自然社会現象の記述として重要である．数学を使うどの分野に進むにしても，基本をわきまえていなければならない．単なる解法に留まらず，具体的な微分方程式の扱いにおける存在と一意性の定理などの数学理論の重要性にも触れよう．

物理の微分方程式から，いかに多くの数学的素材が産み出されたことであろうか．

前章までで，一応，1年生で教えられることになっている微分積分学の基本的な事柄については，全てひとあたりふれた．さて今回は，基本的な微積分のほぼ親戚筋と思われている微分方程式の方に話を進めていきたいと思う．実は，重積分微分方程式あたりまでを1年の中で全てこなすのは，かなり無理があり，本当は2年で微積分続編などといって微分方程式，ベクトル解析など，続く分野を講義すべきであるが，旧帝大はいざ知らず，岡大などの地方大では，教養課程において，なかなかそこまで数学の授業を組めないのが現状である．そのあたりに学習上の無理が生じて来るのである．

"現状"は変わるかもしれない

1 解ける微分方程式

さて，微分方程式といっても，大きく構えると大変なことになるので，全くまとまりなく断片的に話を進めていきたいと思う．そもそも，自然現象を数学のモデルに置き換えると，大体において微分方程式になるといってもよいぐらいであり，物理学および工学は，数学者の目から独断的にみれば，ただひたすら微分方程式（なんらかの方法で）を解いているのだと，言うことすらできるだろう．

自然はなめらかである

微分方程式は高校でも，わずかに出てきている．最も基本的な微分方程式の例題を一つあげておこう．

例 題 1 $y' = ky$ を解け．

解 説 この方程式は，複素数の章で扱ったように，指数関数を特徴付けるものとして広く知られている．それに，あらゆる定係数線型常微分方程式の解法の基礎となっている．放射性同位元素の崩壊を記述する法則でもあり，人口が少ない場合の増加の法則（マルサスの法則と呼ぶ）でもある．それはさておき，この方程式はいわゆる変数分離型と呼ばれるものであり，次のようにして解くことになっている．

両辺を y でわると，

$$\frac{y'}{y}=k$$

であり，両辺を x について積分すると，

$$\log|y|=kx+C$$

である．さらに $\pm e^{C}=D$ とかくことにより，一般解

$$y=De^{kx}$$

を得る．ここで割算をする際に $y\neq0$ であることを暗黙のうちに仮定していたが，もちろん恒等的に $y=0$ となる解も明らかに存在している．D は置き方からすると 0 ではないのだが，特に $D=0$ としてやるとこの解も含んでいることになる．従って全ての解が求められた．以上が高校におけるこの微分方程式の解き方であった．しかしながら，はたして，ある特定の x だけで 0 になるような解は本当にないのだろうか．

高校ではうるさいことは言わない

そのためには，例えば $x=0$ のときに $y=0$ となる解がただ一つであることがわかっていれば良い．これを解の一意性という．だが，この方程式についてはもっと簡単に解決することができる．少し天下りであるが，$z=e^{-kx}y$ と置いて新しい関数 z についての微分方程式を作ってみよう．積の微分公式から容易に，

定数変化法の特別な例

$$z'=0$$

を得る．これから $z=D$（厳密には平均値の定理を用いて）を導くことができる．　終り

後でも触れるが，このように非常に簡単な微分方程式ですら，疑問の余地なく扱おうとすれば，解の一意性という微妙な問題が介在するのである．

以下，教養の教科書などによく載っている種類の微分方程式の解き方について，少し例題によって説明していきたいと思う．

例 題 **2**　次の微分方程式を解け．

(1)　$\dfrac{dy}{dx}=ky(1-y)$

(2)　$\dfrac{dy}{dx}=f\left(\dfrac{y}{x}\right)$

解 説　(1)　これは，ロジスティックの微分方程式とよばれ，**例 題** **1** のマルサスの人口法則を，より現実に即して改良したものである．

最も簡単な非線型

このような微分方程式は，

$$\frac{dy}{dx}=f(x)g(y)$$

の形をしているので，変数分離型とよばれる．高校ででてくるような微分方程式は全てこの形である．ついでに言えば，変数分離形は具体的に解ける微分方程式の基礎をなしている．

この場合も一意性は大丈夫

両辺を $y(1-y)$ で割って積分することにより，

$$\log\left|\frac{y}{1-y}\right|=Kx+C'$$

となる．変数を置き換え，y について解くと，

$$y=\frac{C}{C+e^{-Kx}}$$

となる．これをロジスティック曲線といい，ある程度増えると，人口は頭打ちになってしまうことを表してくれる．

(2)　この形は同次型とよばれる．この形の方程式は $y=ux$ として，y の代わりに関数 u を考えてやると，

$$\frac{du}{dx}=\frac{f(u)-u}{x}$$

となって，変数分離型に帰着される．　終り

問 10.1　次の微分方程式を解け．

(1)　$\dfrac{dy}{dx}=\dfrac{x(y^2-1)}{x^2+1}$　　(2)　$\dfrac{dy}{dx}=\dfrac{x^2+y^2}{xy}$

変数分離形を少し変形したものを考えよう．

例 題 3　次の微分方程式を解け．

$$\frac{dy}{dx}+p(x)y=f(x)$$

解 説　これは1階線型微分方程式と呼ばれているもので，厳密に解くことができる．一般論によって，厳密に解くことができる方程式の範囲は，このあたりまでである．この方程式は定数変化法と呼ばれる一般的な手法を援用することによって解かれる．まず，

$$\frac{dy}{dx}+p(x)y=0$$

という形の方程式を考える．これは元の方程式に対応する斉次型の方程式と呼ばれる．この形は **例 題 2** の変数分離型になっているので，一般解 $y=C\exp\{\int -p(x)dx\}$ を得る．ここでCは定数である．

特解をみつける一つのアイデア

定数変化法というのは，このCをxの変数と考えて，元の斉次型でない方程式の解を見つけてやろうというものである．これは，色々な方程式に応用される極めて重要な手法である．

さて，元の方程式に代入してみると，

$$\frac{dC}{dx}=\exp\left\{\int p(x)dx\right\}f(x)$$

を得る．これを積分すればCの一般解を求めることができ，元の方程式の一般解

$$y=e^{-\int p(x)dx}\int\{e^{\int p(x)dx}f(x)dx\}+D$$

を得る．ここでDは任意定数である．　終り

問 10.2　次の微分方程式を解け．

(1)　$y'=y+x$　　(2)　$y'-xy=\exp\left(\frac{1}{2}x^2\right)$

上の例題における線型という言葉の由来は，y, y' に関して一次であることである．x の方に何もいっていない

ので注意．特に一階の導関数だけを含む微分方程式には限らず，y，y'，…，$y^{(n)}$ 全てについて一次であるような方程式を線型微分方程式と呼び，とにかく比較的簡単な方程式であるとされている．線型方程式で特に，

$$y^n + p_{n-1}(x)y^{n-1} + \cdots + p_1(x)y' + p_0(x)y = 0$$

の形の，上でも述べた斉次方程式においては解の重ね合わせの原理が成立することである．すなわち，y_1，y_2 が解であれば，必ず，$C_1y_1 + C_2y_2$ も解となる．すなわち，斉次線型微分方程式の解全体は，ベクトル空間になっていることがわかる．右辺に0でない項がある場合には何か一つの解（特解と呼ばれる）y_0 を求めて，対応する斉次型の方程式の解に加えてやればよい．ただ，特解を見つけることは方程式ごとに調べなければならず，一般に非常に難しいことである．

線型代数に関係する

線型方程式については，一般論もあり，比較的易しいものではあるが，具体的に解こうとなると，実は2階線型同次微分方程式ですら，一筋なわではいかないことがわかっている．線型方程式でとにかく一般的に解けることが分っているのは，係数が定数の方程式，

ルジャンドル方程式，ベッセル方程式など

$$y^{(n)} + a_{n-1}y^{(n-1)} + \cdots + a_0y = 0$$

だけである．簡単のため，$n=2$ として取り上げる．

例題4　次の微分方程式を解け．

$$y'' + py' + qy = 0$$

解説　同じ係数を用いて，代数方程式（特性方程式と言う）

$$t^2 + pt + q = 0$$

を考える．この方程式の解を α，β とする．もちろん実数解を持つ場合もあり，虚数解を持つ場合もあり，さらには重解を持つこともある．実数と虚数の違いは本質的で

はなく，重解を持つかどうかの方が問題である．

$\alpha \neq \beta$ のときには，$y=e^{\alpha x}$, $y=e^{\beta x}$ がそれぞれ解で，しかも1次独立だから，線型結合

$$y=Ae^{\alpha x}+Be^{\beta x}$$

も解である．初期値 $y(x_0)$, $y'(x_0)$ によって，定数A，Bを決めてやればよい．この考え方を適用すれば，nが2でなくても，固有多項式の解が全て互いに異なる場合の解は容易に求められることになる．

線型漸化式の場合と同様

$q=\dfrac{p^2}{4}$で重解αの場合には上の二つの解が一致して，二つの1次独立な解が得られない．この場合にも定数変化法を使うことができる．$y=Ce^{\alpha x}$ として，もとの式に代入してみよう．$p=-2\alpha$ などに注意すると

$$C''=0$$

を得る．これをみたすCとしては例えば $C(x)=x$ を取ればよい．すなわち一般解は

$$y=(A+Bx)e^{\alpha x}$$

である．ここでは，一変数の微分方程式として扱ったが，関数の数を増やして，線型代数の応用として扱うこともできる．これについては補章で扱う．　終り

問 10.3　代数方程式 $t^3+pt^2+qt+r=0$ が異なる3根をもつとき，

$$y'''+py''+qy'+ry=0$$

を解け．ただし，p，q，r は実数とする．

ついでに

$$y''+py'+qy=f(x)$$

強制振動の方程式

と右辺が0になっていない場合も考えてみよう．力学の言葉で言えば，右辺が0の場合とは，外部から力が加わらない自立系であり，右辺に項がある場合は，強制振動

などを表わすことになる．上に述べたように，特解を一つ見つければよい．目の子で見つかる場合もある．

すぐに見つからない場合には，ここでも定数変化法によって,計算することもできる．$y=C(x)e^{\alpha x}$ を代入してみると，こんどは

$$C''+(2\alpha+p)C'=f$$

である．これは一見2階の方程式だが，C' を未知関数と思うことにすれば，上に取り上げた1階線型微分方程式だから，その解を求めて不定積分すれば，繁雑になるので書かないが，一つの特解を求めることができる．

$$\frac{d^2y}{dx}+\omega^2 y=\sin\omega x$$

を考える．これは，強制振動であり，固有振動数と強制力の振動数が一致している場合である．$y=\widetilde{C}_1\cos\omega x+\widetilde{C}_2\sin\omega x$ として代入すると，特殊解として，$y=-\frac{x}{2\omega}\cos\omega x$ が見つかる．だから，一般解は

共鳴の原理

$$y=C_1\cos\omega x+C_2\sin\omega x-\frac{x}{2\omega}\cos\omega x$$

となる．最後の項の振動は，x が増えるとどんどん振幅が増大する．これを共鳴現象と言う．

2　変数，関数の置き換え

微分方程式が与えられたばあい，そのままではよくわからないが，変数を置き換えたり，関数の形を変形すると非常にわかりやすい方程式になることがある．これを微分方程式の変形などといい，数学の最前線まで一気につながる奥の深い分野となる．

これも職人芸である

さておいて，例題をあげよう．

例題 5　次の方程式において，$x=\tan t$ と置いて，変数を t に変換せよ．

$$\frac{d^2y}{dx^2}+\frac{2x}{1+x^2}\frac{dy}{dx}+\frac{y}{(1+x^2)^2}=0$$

解説　分数式などがたくさんからんだ難しそうな方程式だが，どうなるだろうか．まず，$\dfrac{dx}{dt}=\tan^2 t+1$ である．この式より，

$$\frac{dy}{dx}=\frac{1}{1+\tan^2 t}\frac{dy}{dt}$$

となる．正直に

$$\frac{d^2y}{dx^2}=\frac{1}{1+\tan^2 t}\frac{d}{dt}\left\{\frac{1}{1+\tan^2 t}\frac{dy}{dt}\right\}$$

としていくのが普通であろう．この計算は読者に委ねよう．

x の式で表してみると，

$$(1+x^2)\frac{dy}{dx}=\frac{dy}{dt}$$

となる．

$\dfrac{d^2y}{dt^2}$ を x の式に変換すると，

$$(1+x^2)^2\frac{d^2y}{dx^2}+2x(1+x^2)\frac{dy}{dx}$$

になる．従って，$(1+x^2)^2$ で割っておけば，

見かけだおしであった

$$\frac{d^2y}{dt^2}+y=0$$

となる．実は，単振動の方程式を $x=\tan t$ で変数変換したものであった．　終り

問 10.4　次の微分方程式において $x=\cos\theta$ と変数変換せよ．

$$(1-x^2)\frac{d^2y}{dx^2}-2x\frac{dy}{dx}+\lambda y=0$$

実は，上の問の微分方程式は，以前計算した3変数のラプラシアンの空間極座標による書換えの θ に関する部分になっている．

もう一つ，今度は関数の形を変える変形をあつかう．これは，よく知られた例がある．

例題 6　次の微分方程式において，$z=y^{1-n}$ とおいて，関数 z に関する微分方程式に書換えよ．

線型でない

$$\frac{dy}{dx}+p(x)y=q(x)y^n$$

解説　これは，ベルヌイの微分方程式とよばれ，線型ではないがうまく変形してとけることが知られている．

$y=\frac{1}{\sqrt[n-1]{z}}$ と置く．$z=y^{1-n}$ である．

$$\frac{dz}{dx}=(1-n)y^{-n}\frac{dy}{dx}$$

である．また，元の方程式は，

$$y^{-n}\frac{dy}{dx}+p(x)y^{1-n}=q(x)$$

と書けるので，

線型になる

$$\frac{dz}{dx}+p(x)\frac{dz}{dx}=q(x)$$

となる．これは，一階線型微分方程式である．言われてみれば簡単であるが，ごちゃごちゃした方程式を見事に線型化する手法は，多分職人芸なのであろう．　終り

問 10.5　次の微分方程式を解け．

$$y'+xy=e^{\frac{x^2}{2}}y^2$$

非線型の方程式でうまく解けるものを見つけてくる話は，やりだすときりがなく，早目に一般論とか，安定性の話，特殊関数の話などを教える方が教育上良いということになっている．

3　解の存在と一意性

微分方程式の解の存在定理は有名だが，微積分の始め

のうちはあまり使われない．なぜなら具体的な方程式の場合，なんらかの方法で解があることはわかるからである．

一階の方程式に限定し，有名なピカールの逐次近似法を紹介しよう．$f(x, y)$ は二変数の関数で，(x_0, y_0) の近くで連続であるとする．一階の微分方程式，

$$y'(x)=f(y, x)$$

を初期条件 $y(x_0)=y_0$ の元で考える．

同値な積分方程式

$$y(x)=y_0+\int_{x_0}^{x}f(t, y)dt$$

の形に変形して考える方法については，以前触れた．f の中に関数自身 y が入っているので，y 変数の方には，

もちろん線型ならOK

$$|f(x, y_1)-f(x, y_2)|\leq K|y_1-y_2| \qquad K\text{は正の定数}$$

というリプシッツ連続性のような強い条件が必要である．

解の構成法の概略だけ述べる．まず，

$$y_1(x)=y_0+\int_{x_0}^{x}f(t, y_0)dt$$

と置く．右辺の中にはもはや y は入っていないので，x の関数として確定する．順次帰納的に，

$$y_{n+1}=y_0+\int_{x_0}^{x}f(t, y_n)dx$$

とすると，関数の列 $\{y_n\}$ $n=1$，… が定義できる．f が上のようなよい条件を満たしていると，この関数列は，$x=x_0$ の近くで一様収束することが示される．収束先を y_∞ とかくと，これは，元の微分方程式の $y(x_0)=y_0$ を満たすような解であることがわかる．この方法だと，仮に解がよくわかる関数で表されなくても，$y_n(x)$ を近似解として用いることができ，優れた証明法である．

積分と極限の順序交換ができる

例題 7　$y'=y$，$y(0)=1$ を逐次近似法で解いてみよ

う．

解説　リプシッツ条件は明らかに，満たされている．積分方程式は，

$$y(x)=\int_0^x y\,dt+1$$

である．$y_1(x)=1$ として出発していく．

$$y_2(x)=\int_0^x dt+1=x+1$$

$$y_3(x)=\int_0^x x\,dt+1=\frac{1}{2}x^2+x+1$$

$$\vdots=\vdots$$

である．したがって，

n次近似式

$$y_n(x)=1+x+\frac{1}{2}x^2+\frac{1}{3!}x^3+\cdots+\frac{1}{n!}x^n$$

である．$n\to\infty$ とすると，この関数列は，$y_\infty(x)=e^x$ に，任意の有界区間上で一様収束する．　終り

問 10.6　$y'=x+y$，$y(0)=1$ を逐次近似法で解いてみよ．

解の存在定理に比べて一意性定理の方は，証明も易しいし，応用上使うことも多い．なぜならば，一意性定理があると，微分方程式そのものによって，関数の定義とすることができるからである．

さて，微分方程式の解の一意性定理は，次のように定式化される．方程式

$$F(y^{(n)},\ y^{(n-1)},\ \cdots,\ y',\ y)=0$$

存在するかどうかはともかく

において，ある条件があれば，$y(x_0)$，$y'(x_0)$，$\cdots$，$y^{(n-1)}(x_0)$ を指定したときそれをみたす解は高々一つである．

微分方程式が物理法則などの記述であるとすれば，これは因果律にあたることなので，当然成立って欲しいことである．

簡単のため，これも一階の微分方程式

$$y'=f(x,y) \qquad y(x_0)=y_0$$

だけを考えよう．上と同じく，積分方程式にして考える．ここでも，y 変数の方にはリプシッツ条件を仮定する．

二つの解 y_1，y_2 があったとしよう．$[x_0-1/(2K),\ x_0+1/(2K)]$ において二つの解が一致することを示す．簡単のため，$x_0\leq x$ とする．

リプシッツ条件

$$|y_1(x)-y_2(x)|\leq \int_{x_0}^{x}|f(t,y_1)-f(t,y_2)|dt$$
$$\leq K\int_{x_0}^{x}|y_1(x)-y_2(x)|dt$$

である．ここで，$x_0\leq t\leq x$ における $|y_1(x)-y_2(x)|$ の最大値をMとすると，

$$|y_1(x)-y_2(x)|\leq KM(x-x_0)$$

となる．ここで，もし $x-x_0<2/K$ であれば，$M\leq\dfrac{1}{2}M$ となり，$M=0$ とならなければならない．この区間の幅が，Kにのみよって，x_0 にとりあえず無関係なところがポイントである．

リプシッツ条件は，線型方程式などでは明らかに成立つのだが，かなり簡単な方程式ですら成立たなくなることがある．

例題 8 次の方程式について，解の一意性を考察せよ．

$$y'=2\sqrt{y} \qquad \text{初期値は } x=0 \text{ で考える}$$

解説 これは線型方程式ではない．さて変数分離型であることは明らかであるから，直ちに解くことはできる．

一般解

$$\sqrt{y}=x+C \qquad C\text{は定数}$$

これは，一つのパラメータCを含む曲線族である．解がこのような関数だけならば話は単純だが，実は，$y=0$ という関数も上の方程式を満たしていることが容易に見

て取れる．このような，一般解に含まれない解のことを特異解と呼ぶのだが，この解の正体は何だろうか．パラメータ C を動かしながら，一般解のグラフをかいていくと，$y=0$ はこれらすべての曲線に同時に接する曲線（これは直線だが）となっていることがわかる．

一般解の包絡線は特異解になる

このような曲線のことを，曲線族の包絡線とよぶ．実は一般解の族に包絡線が存在すると必ず，それが特異解になるのである．こういう事情があるので，教養の微積分の教科書の中に，とって付けたように包絡線の記述があるのである．これをさらに考えてみると，都合の悪いことになっている．$x=0$ で $y=0$ となる解として，$y=x^2$ と $y=0$ の二つが存在することになる．すなわち，一意性は成立しない．さらにもう少し観察すると，もっとまずく，$A>0$ を定数として，$x<A$ のとき $y=0$, $x\geq A$ のとき $y=(x-A)^2$ として関数を定義すると，これも解になっている．従って，$x=0$ で $y=0$ となる解は無限に存在することになる．

因果律は全く成立しない

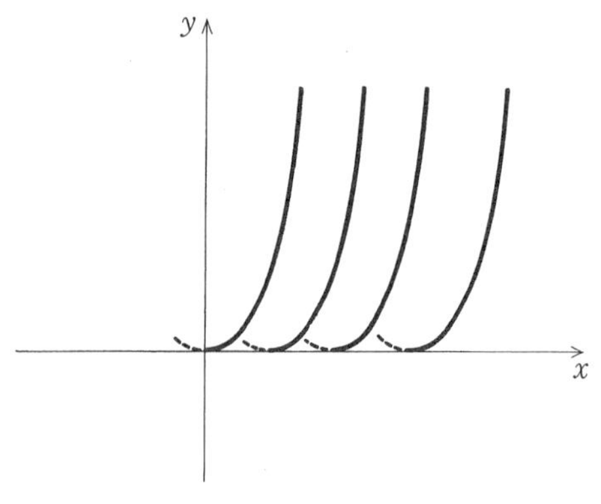

図38　解の一意性の破れ

終り

問 10.7　次の微分方程式についても解の一意性が破れていることを観察せよ．

$$(y')^2+2xy'-2y=0$$

このようなことがあるから，微分方程式の一般論などというものが必ずしも普通の学生諸君に対しても，無縁ではないのである．解の存在定理と合せて，微積分の次にくる応用解析とでもいう講義で触れられるべきテーマである．

4　整級数による解法

簡単に解けてはおもしろくない

ガウスの超幾何方程式，ルジャンドル方程式，ベッセル方程式など，応用上重要な微分方程式は，2階線型同次方程式である．実はこれらの方程式には，解があることはわかるのだが，それをすでに知られている初等関数などで書き表すことができない．しかたがないので，これらの方程式の解を超幾何関数，ルジャンドル関数，ベッセル関数などとよんで，特殊関数などと呼び習わしているのである．しかし，裏を返していえば，これらの方程式が解けないのは，関数の範囲を初等関数とか，それらの不定積分などに限定したからだとも言えよう．

積分によって単純に解けない微分方程式を扱う方法の一つとして，整級数展開による方法がある．簡単な場合について調べてみよう．

未定係数法

例題 9　次の方程式に $y=\sum_{n=0}^{\infty}a_nx^n$ を代入し，係数に関する漸化式を導くことによって，解を求めよ．

$$y'=ky$$

解説　初等的に解くことのできる微分方程式であるが，あえて，別の方法をとって観察してみよう．

$$y'=\sum_{n=0}^{\infty}(n+1)a_{n+1}x^n$$

$$ky=\sum_{n=0}^{\infty}ka_nx^n$$

であるので，数列 $\{a_n\}$ に関する漸化式

$$a_{n+1}=\frac{k}{n+1}a_n$$

を得る．$a_0=1$ と便宜的に決めて解を求めて，元の級数に代入すると，

$$y=\sum_{n=0}^{\infty}\frac{1}{n!}k^nx^n$$

である．この級数は収束して収束半径は無限大であり，$y=e^{kx}$ のマクローリン展開になっていることがわかる．

最も簡単な微分方程式であるが，実にさまざまな見方ができるものである．　　終り

問 10.8　上の例題の方法で，次の微分方程式を解け．

分母ははらっておく

(1)　$y''=-\omega^2y$　　　(2)　$y'=\dfrac{1}{x+1}$

さて，最後に初等関数で表わせないような解を級数の方法で求めてみよう．

例 題 10　a，b，c を定数として，次の方程式の級数解を求めてみよ．ただし，c は0以下の整数ではないとする．

$$x(1-x)y''+\{c-(a+b+1)x\}y'-aby=0$$

解 説

$$y=\sum_{n=0}^{\infty}a_nx^n$$

を代入して x に関して同じ次数の項を比較すればよい．

項の番号に注意

少し計算が複雑になるので詳細は省略するが，漸化式

$$a_{n+1}=\frac{(a+n)(b+n)}{(n+1)(c+n)}a_n$$

となる．$a_0=1$ と便宜的に仮定して一般項を求め，元の級数に代入すると，

$$y=\sum_{n=0}^{\infty}\frac{[a]_n[b]_n}{[c]_n n!}x^n$$

である．ただし，$[a]_n=a(a+1)\cdots(a+n-1)$ である．この解法より，整級数展開できるような関数の解は，ここで求めたものの定数倍に限ることがわかる．もう一つの1次独立な解は，

整級数解にならずモノドロミー群が出現する

$$y=x^p\sum_{n=0}^{\infty}a_nx^n$$

とおいて p と a_n を決めていくことによって求められる．　終り

これは有名なガウスの超幾何級数とよばれるものであり，そのことから元の方程式は超幾何微分方程式とよばれる．$a=c, b=1$ のときには単なる等比級数(幾何級数とも呼ばれている)となり，特に幾何学とは関係ないが，幾何級数の一般化としてこの名前がある．この関数は，次に示すように特別の場合としてルジャンドル多項式を含むなど，応用上極めて重要な級数だが，パラメータが一般の場合，初等関数で表わすことはできない．だから，超幾何関数と命名するのであり，典型的な特殊関数である．

ルジャンドルの微分方程式は，

良く出る方程式だ

$$(1-x^2)\frac{d^2y}{dx^2}-2x\frac{dy}{dx}+\nu(\nu+1)y=0 \qquad (*)$$

であった．ここで，$t=\dfrac{1-x}{2}$ によって変数を t に変換すると，次の方程式に変わる．

$$t(1-t)\frac{d^2y}{dt^2}+(1-2t)\frac{dy}{dt}+\nu(\nu+1)y=0 \qquad (*)$$

これは，超幾何微分方程式で，$a+b=1$, $ab=-\nu(\nu+1)$

と置いたものになっている．これを a，b について解くと，$a=-\nu$，$b=\nu+1$ となる．

例題中の超幾何級数が実際には多項式になってしまうためには，n を自然数として，$\nu=n$ であればよい．

$$Q_n(t)=\sum_{k=0}^{n}\frac{[-n]_k[n+1]_k}{k!}t^k$$

とすると，これがルジャンドル方程式の解である n 次式である．

問 10.9　ロドリゲスの公式

定義になることも定理になることもある

$$Q_n((1-x)/2)=\frac{1}{2^n n!}\frac{d^n}{dx^n}(x^2-1)^n$$

を示せ．

従って，よく知っているルジャンドルの多項式に一致した．

このような話もまた，特殊関数論という教養の微積分を超えたところにつながっていくのである．工学部の人々は，物理数学，工業数学などという科目で学ぶことになっている．ただし，本当の専門に入るまでの基礎的な微積分続論（ベクトル解析，微分方程式，複素関数論，フーリエ解析）などは，やはり，教養（いまや非専門）課程の数学で面倒をみておくべきだろうと思う．

第11章　微積分の基礎理論

難しい基礎理論も決して無視されているのではない．これらは教養微積分の土台である．しかし，これらの定理達から考え方のエッセンスを抜き出して現実の教育課程に取り込むことはなかなか難しい．新しいアイデアに基づいた教科書も必要である．定理の説明法も少し工夫してみたがどうだろうか．

教養の微積分は，理学部数学科の学生を除けば，数学を使う立場の人に対して教えるものであって，通常の教養数学としては難しいので，微積分の基礎理論は通常ほおかむりして通り過ぎることにしている．ただ，一つ断っておかなければならないことは，教える側の立場として，決して理論的なことを無視して話をしているのではなく，それを踏まえてわかりやすく，実用に考慮を払いながら講義することに何時も心をくだいているのである．

ここが最も難しい点である

私の聞いたところだから，普遍的であるかどうかはわからないが，アメリカのある大学では，初年級の微積分は極めて重要であると認識され，特に大数学者を起用して，大学院生にたいする高邁な講義と共に，これを講義させているらしい．実際，ラングとかモイーズなど，残されている教科書からみても彼等の講義は見事なものであり，応用面にも，心が払われている．日本でも，戦前の典型的な微積分の教科書である〝解析概論〟（ただしこれは，当時の東大の教科書で，今となっては高踏的にすぎるが）を著したのは，整数論の世界的な権威であった高木貞治である．

数学者による教養教育は理論にのみ偏って役にたたぬと工学部の先生方からクレームが付くかも知れないが，あえて今回は理論的なところにこだわってみたいと思う．大学設置基準が変わって教養課程なるものが無くなってしまった今，専門基礎教育としての微積分（線型代数も）が如何にあるべきか，という問題が私たち旧教養部の教官に取って，ますます重大な問題になってきている．

1　連続関数の基本定理

中間値の定理と，逆関数の定理，最大値の定理というものもあり，**教養微積分学の実数論における三題噺**と言われている．中間値の定理と逆関数の定理は，互に関連したもので，内容的にそれほど難しいものではない．

中間値の定理 $f(x)$ は閉区間 $[a, b]$ で連続で，$f(a)f(b)<0$ であるとする．そのとき，$f(c)=0, a<c<b$ をみたす c が必ず存在する．

逆関数の定理 $f(x)$ は閉区間 $[a, b]$ において（狭義に）単調かつ連続であるとする．そのとき，$f(x)$ に逆関数が存在し，連続である．もし，もとの $f(x)$ が微分可能ならば，その逆関数も微分可能である．

中間値の定理というものは，実数の連続性の中の完備性（特に順序完備性として使う）しかかかわらず，それほど難しいものではない．

簡単に，証明でなく説明をあげておこう．$f(a)<0$，$f(b)>0$ として良い．$a_0=a$，$b_0=b$ とおく．そして，$c=\dfrac{a+b}{2}$ とおく．もし，$f(c)=0$ ならば，c が解である．もし，$f(c)>0$ ならば，解は $[a, c]$ の間にあるはずであるから，$a_1=a_0, b_1=c$ とおく．もし，$f(c)<0$ ならば $a_1=c$，$b_1=b$ とおく．そうすると，$[a, b]$ の代わりに $[a_1, b_1]$ を考えれば，定理と同じ命題となる．ただし，区間のはばが $\dfrac{1}{2}$ になっている．この議論をどんどん繰返して，数列 $\{a_n\}$ と $\{b_n\}$ を定義していくと，$\{a_n\}$ は単調増加，$\{b_n\}$ は単調減少，$a_n\leq b_n$，$b_n-a_n=\left(\dfrac{1}{2}\right)^n(b-a)$ となることがわかる．従って，かなり直感的にも明らかに，二つの数列は同じ極限 γ をもつことがわかる．f の連続性から，

区間をどんどん2等分していく

$$f(\gamma)=\lim_{n\to\infty}f(a_n)\leq 0 \qquad f(\gamma)=\lim_{n\to\infty}f(b_n)\geq 0$$

右極限と左極限

となり，この γ が解である．

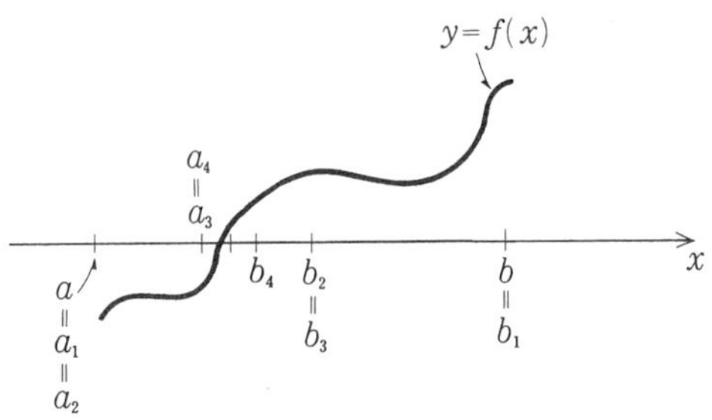

図39　中間値の定理

この議論をよくみると，これは，解が存在するとしてそれを2進小数でかいてある物差で計っていることになる．このような証明法のことを，カントールの区間収縮法とよぶ．ただ，これは，理論的にはみやすいが，実際に解を求める方法としては，ニュートン法などと比べて，あまり効率的な方法でないことは断っておかなければならないだろう．

単調かつ連続な関数 $f(x)$ にとにかく逆関数が存在していることは，中間値の定理から直ちに出てくる．

具体的な関数に応用しようとしたときに重要な点は，もとの関数と同じく，逆関数も連続になることである．指数関数，三角関数を定義しておけば，対数関数，逆三角関数はそれらの逆関数として与えることができるので，逆関数定理によって，これらも元の関数と同じくまともなものであること承認されるのである．

もとの関数と同程度に良い関数

実は，連続になることが難しく，どうしても ε-δ 論法を使わなければならないのであり，教える側の悩みである．しかしながら，逆関数のグラフなるものは，元の関数のグラフを直線 $y=x$ に関して折返したものであり，つながっているグラフの折返しもやはりつながっていることを考えれば，逆関数が連続であることは，自然に納得できる（またはさせられる）ことである．微分可能であることも，関数が折返しであることから見て取れる．

なめらかなグラフ

〝変数を増やそう〟において，陰関数定理というものがあった．$F(x,\ y)=x-f(y)$ とおいて，2変数の関数を考え，$F(x, y)=0$ を陰関数と考えると，実は逆関数定理は，陰関数定理の特別な場合であることがわかる．

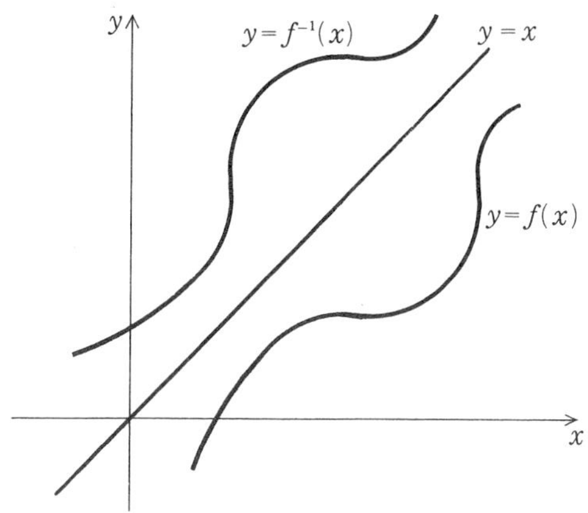

図40　逆関数のグラフ

一転して，最後の最大値の定理は，説明が難しい．高校の教科書を見ると，平均値の定理を証明するためにロルの定理というものがあり，それを証明するために最大値の定理が証明なしで引用されている．最大値の定理を自明として平均値の定理が証明されたとするのは，それほど意味のあることではない．まあ，仕方のないことではあるが．

中途半ぱである

最大値の定理　$f(x)$ は閉区間 $[a, b]$ で連続であるとすると，必ずこの区間の中で最大値を取る．

この定理の条件においては，関数の連続性をはずしても，区間の端を除外しても容易に反例を作れるので，仮定は緩めることはできない．

これらは存在定理とよばれてそもそも難しいものではある．教養数学において，実数の連続性を説明するのは困難とされているが，実は完備性に話を限れば，文科系の学生に対する一般教養（非専門科目）の範囲においてすら，それほど難しいことではない．概念的には最もわかりやすい，デデキントの切断については，かなりの学生が理解してくれるようである．これは，有理数を超えた概念である実数を有理数だけをもちいて構成する考え方である．

昔の人はえらい

実は，この考え方はギリシャ数学の時代から知られていたのである．ピタゴラスの定理以来無理数の比をもつ量の扱いに困ったギリシャ人は，ついに切断の概念に到達していたのである．すなわち，エウドクソスは，二つの正の量 a，b の比 $\frac{b}{a}$ を考えるため，正の有理数を次の二つの集合に分けた．

$$\left\{\frac{m}{n} : ma < nb\right\} \qquad \left\{\frac{m}{n} : ma < nb\right\}$$

この二つの組を扱うことによって，無理数の量の代わりとした．組分けが実数そのものであるとまではいっていないが，これによって比例論を無理なく構成している．このような観点から，学生諸君に〝理解〟を求めることができる．理系の学生が順序完備性を使う場合には，〝単調有界数列は収束する〟という形なので，こちらもわかりやすく使いやすいものである．

実数の有界閉集合のコンパクト性

それに対して最大値の定理の方は，区間をたとえ2つに分割しても，当然のことであるが，どちらに最大値があるか判定する方法がないので，情報が増えたことにならないことにより，格段に難しいのである．結局はどう頑張っても実数の完備性だけでは不十分で，一様連続性とも関連するコンパクト性とよばれるものを，用いなければならない．最もわかりやすいと思われる形で述べると，次の通り．

実数のコンパクト性　数列 $\{a_n\}$ が有界（$|a_n| \leq M$ となる M がある）であるとすると，必ず収束する部分列をもつ．

（ボルツアーノ）

この命題の中身も，使い方も学生諸君に理解していただくのは難しい．

コンパクト性を使った最大値の定理の説明を述べよう．結局，中間値の定理と同じように区間をどんどん2等分していく．2^n 等分したときの区間の端点の中で，$f(x)$ の値が最大になるところを a_n とする．この $\{a_n\}$ が収束することが直ちに言えないのが難点なのであるが，実数のコンパクト性から収束部分列を取ることができる．これを $\{b_m\}$ とかく．

全部の端点の値を調べる

$$\lim_{m\to\infty} b_m = \alpha$$

とする．考えている区間は閉区間だから，α は区間から飛びださない．$\{f(b_m)\}$ は単調増加して $f(\alpha)$ に収束することに注意．もし α で最大値が取られないとすると，$f(\beta)>f(\alpha)$ となる β があり，小区間の分割がどんどん細かくなるので，f の連続性を用いて，端点における値が $f(\alpha)$ を超える．従って，ある $f(b_{m_0})$ の値が $f(\beta)$ の値を超えることになり，矛盾である．

一様連続性は使っていない

通常行なわれる証明よりは，直感的に言えるが，どうしても一箇所でコンパクト性が必要である．ただ，現実の関数の場合には，ほとんど部分列を取るまでもなく収束することになる．

例題 1　$f(x)$ が全区間で連続で，

$$\lim_{x\to\infty} f(x) = \lim_{x\to-\infty} f(x) = M$$

とする．そのとき，$f(x)$ は最大値か最小値を必ず取ることを示せ．

解説　ここで考えている区間は有界閉区間ではないので，最大値の定理はそのままでは使えない．そこで，有界な区間に話を帰着することを考えよう．さて，$f(x)-M$ を考えることによって $M=0$ としてよい．$f(x)$

が恒等的に 0 であれば問題ない．そうでないと，例えば $f(d)>0$ となるような点 d がある．このときにどこかで最大値を取ることを示す．ここで ε-δ 論法が生きる．$x\to\infty$ とか $x\to-\infty$ の極限において $\varepsilon=\dfrac{f(d)}{2}$ とし，それに対応する正の数 M をとると，$|x|\geq M$ において，$f(x)<\varepsilon$ となる．有界閉区間 $[-M, M]$ においては $f(x)$ は最大値をとるが，$f(d)>2\varepsilon$ であることから，この最大値は全区間における最大値になっていることがわかる．$f(d)<0$ となる d が存在する場合には，反対に最小値をとることが結論される．

ε-δ 論法なしではむずかしい

これは ε-δ 論法と最大値の定理を，単に形式的にではなく，その精神にまで立入って理解していなければ解けない問題であることは確かである．さらに，d も抽象的に見つけてくるので難しい．　終り

問 11.1　上の例題において，最大値を取るが最小値は取らないような関数の例をあげよ．また，$x\to\infty$ と $x\to-\infty$ の両極限値が存在しても一致しない場合には，最大値も最小値もない場合がある．そのような例をあげよ．

上の例題の数学的背景を述べておこう．実数全体にただ一つの無限大を付加えると，単位円周とうまく対応がつく．これを位相同型という．

一点コンパクト化という

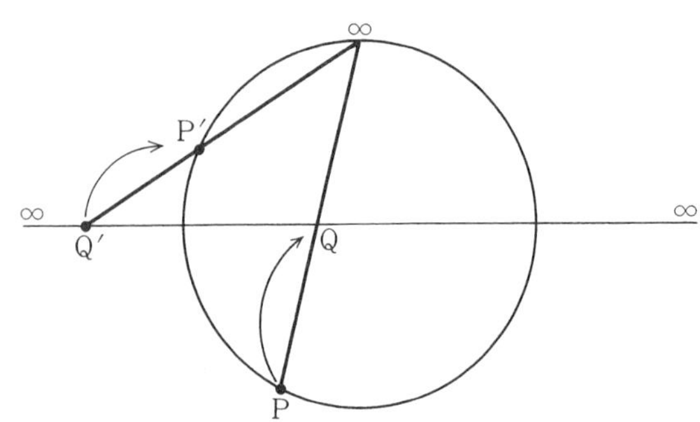

図41　位相同型（一点コンパクト化）

トポロジーの話

そのとき，例題の条件があると，f は単位円周上の連続関数となり，最大値と最小値をもつ．どちらかが ∞ に対応する点の可能性があるが，もう一つは，それ以外のところになる．無限大を二つ付加えると $[0,\ 1]$ と位相同型で，無限大の点は両端の点に移る．だから，最大値も最小値もどちらも無限大のところになってしまうことがある．

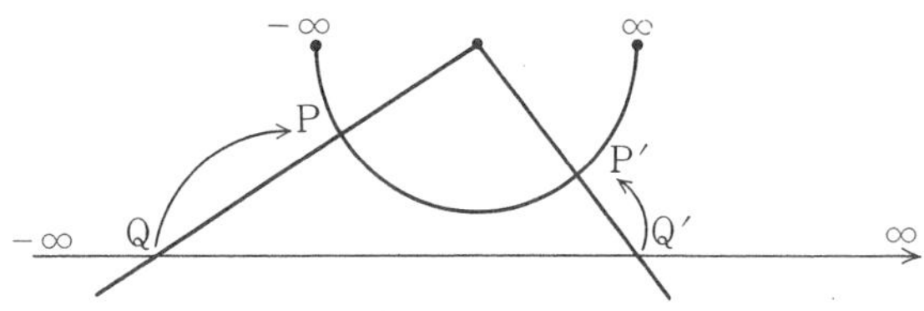

図42　位相同型（二点コンパクト化）

コーシーも錯角した

関数の連続性にからんで一様連続性という概念があり，一昔前の教養教育においては，工学部の学生でさえ，この概念でしごかれたものである．これなどは，確かに ε-δ 論法によらなければ認識すらできないものではある．一様連続性を初めて認識したのは，ハイネであり，有界閉区間で連続な関数は一様連続であることを示した．最近はやらないが，ハイネボレルの被覆定理（コンパクト性）（これは，ボルツアーノの収束定理（点列コンパクト性）と殆ど同じ）を理解してしまえば，自明な命題となる．数学科学生の第一の関門であろう．

例題 2　開区間 (a, b) で一様連続な関数 $f(x)$ は有界であることを示せ．

解説　区間が開区間になると最大値の定理が成立しないどころか，関数が有界ですらなくなることは，$f(x)=1/x$，区間を $(0,\ 1)$ で考えると良い．次の**問**を参照．だから，この問題を解くためには，どうしても一様連続性について理解していなければならないのである．

さて，$x \to a+0$ のときに，$f(x)$ が一定の値に収束

命題の否定を作る

することが示されると，$x \to b-0$ のときも同様であるので，$f(x)$ は有界閉区間 $[a, b]$ において連続な関数となって結論が従う．そこで，結論を否定しよう．すなわち，上の開区間の中の数列 $\{x_n\}$ で，$x_n \to a$ で $f(x_n)$ が一定の値に収束しないものが存在することになる．すなわち，$\{x_n\}$ はコーシー列だが，$\{f(x_n)\}$ はコーシー列でないようにできる．従って，正の数 ε がとれて，どんなに大きい自然数 N をとっても，n，$m>N$ かつ $|f(x_n)-f(x_m)|\geq\varepsilon$ なる二つの自然数 n，m が存在することになる．ところが，$\{x_n\}$ はコーシー列なのだから，十分大きい N をとれば，任意の n，$m>N$ なる n，m にたいして，$|x_n-x_m|$ を幾らでも小さくできる．これは $f(x)$ の一様連続性に反する．　終り

問 11.2　$f(x)=\dfrac{1}{x}$, $g(x)=\sin\dfrac{1}{x}$ は $[0, 1]$ で一様連続でないことを示せ．

完備でないとコーシー列は収束しない

この例題についても，数学的背景を述べておこう．微積分の最初の段階で，数列が収束することと，コーシー列となることが同値であることが示されるが，場合によってはこの二つの違いを慎重に取り扱わなければならないということである．すなわち，連続関数によって，収束列は収束列に移されるが，収束先が考えている区間からはみ出す場合など，コーシー列がコーシー列に移される保障はないのである．ところが，一様連続な関数は，必ずコーシー列をコーシー列に移すのである．

上のようなことを昔は（私が学生のことなど）頑張って教えてくれたものだ．最近は，一様連続性は影がうすくなっている．その理由は，微積分の始めのほうで，一様連続性が本当に必要になるのは，連続関数が積分可能であるというハイネの定理においてだけでなのである．それを証明するためには，有界閉区間で連続な関数は一様連続であるという定理を言わなければならない．これがまた難物で，要するに，そのために実数のコンパクト

性が必要になる．

区分的に単調な関数という

ところが，通常でてくる連続関数は，ほとんど有限個の小区間にわけて考えれば，単調である．単調な関数の積分可能性は，比較的容易であり，一般の学生に対しても説明が容易である．

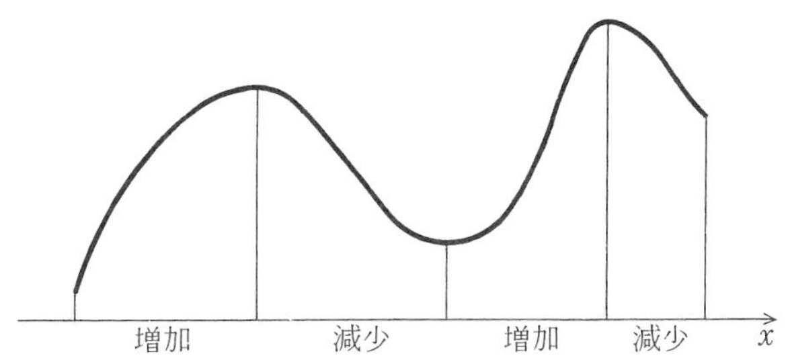

図43　区分単調な連続関数

超高度な一般教養になる

ただ，ε-δ 論法，実数の連続性の数個の公理の同値性，sup，inf の概念，級数の収束の扱い，一様連続性，一様収束など，（もちろん微積分の項目には限らない）難しいので，一般の学生の教養数学ではお引取り願っている項目を，対象学生によっては，逆に積極的に教える行き方もあってよいのではないかと思う．要するに，数学を応用する立場ではなく，数学を論理的思考力の訓練に使う立場である．このようなことをしっかりと理解運用できるならば，あらゆる方面（コンピュータなど）に応用（つぶしともいう）が効くのではないだろうか．数学が非専門教育に生延びるやり方として，このようなこともあるのではないかと思う．

2　微分の応用

さて，ロルの定理は，関数の零点の判定にも使われることがある．ルジャンドル多項式と言うのは，積分のところでも触れたが，

また登場

$$P_n(x)=\frac{1}{2^n n!}\frac{d^n}{dx^n}(x^2-1)^n$$

で，定義されていた．本当は，数理物理学で重要なルジャンドルの微分方程式というものがあって，その解であるということから上の表示がでてくる．これは，以前超幾何微分方程式のところで触れた．ルジャンドル多項式は上の形から，n 次の整式であった．

例題 3　ルジャンドル多項式 P_n は，ちょうど n 個の零点をもつことを示せ．

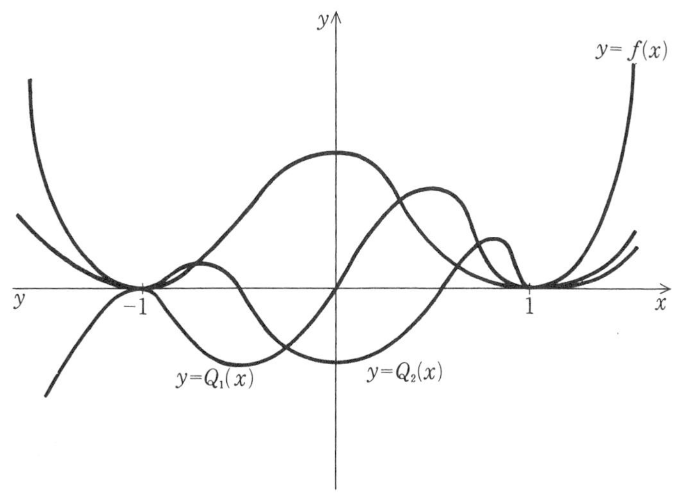

図44　どんどん零点が中に入っていく

ロルの定理を $n-1$ 回適用

解説　これを展開して，具体的に零点を求めるのは非常に大変なことである．まず，$(x^2-1)^n$ を考えると，これは ± 1 だけを零点に持っており，その重複度は n である．これを 1 度微分すると，± 1 は重複度 $n-1$ の零点になり，ロルの定理から，開区間 $(-1,\ 1)$ において零点を持つ．これを α とする．もう一度微分すると，± 1 では重複度 $n-2$ の零点となり，$(-1,\ \alpha)$, $(\alpha,\ 1)$ にそれぞれ零点を持つことになる．これを繰り返していくと，こ

の操作は n 回まで有効で，ルジャンドル多項式にたどり着くと n 個の零点の存在が言えたことになる．逆にこれは n 次式であるから，零点は高々 n である．ついであらゆる零点の重複度が 1 であることも言えたことになる．

終り

問 11.3 n 次のエルミート多項式 H_n を次の式で定義する．

$$H_n(x)=(-1)^n e^{x^2}\frac{d^n}{dx^n}(e^{-x^2})$$

$H_n(x)$ は n 個の零点をもつことを示せ．上の例題と同じ様に，順次ロルの定理を使う．

次に，テイラーの定理関係の問題について．テイラー展開の計算は，ほとんど代数的な計算が多いのだが，一歩立入ると色々な難しい問題がある．剰余項の収束については，次章にも例題を取り上げている．

剰余項だけが解析の問題

さて，何回でも微分できればマクローリン展開できそうだが，そうでもないことが知られていて，次の様な実例もある．

定義にもどって計算する

例題 4 次の関数の原点における n 回微分係数を計算し，マクローリン展開できないことを示せ．

$$f(x)=\begin{cases} e^{-1/x} & x>0 \\ 0 & x\leq 0 \end{cases}$$

解説 任意の自然数 n に対して，$f^{(n)}(0)=0$ であることを示す．これが示されれば，剰余項は $f(x)$ 自身となり，$x>0$ の値については，$n\to\infty$ としても零に収束しない．

まず，

$$\lim_{x\to+0}\frac{f(x)}{x}=\lim_{t\to+\infty}\frac{t}{e^t}$$
$$=0$$

である．左極限は明らかに 0 であるから，$f'(0)=0$ とな

る．$f^{(n)}(0)$ についても

$$\lim_{x\to+0}\frac{f^{(n-1)}(x)}{x}$$

が必要なので，$x>0$ において $f^{(n-1)}(x)$ を計算する．

$$f'(x)=\frac{1}{x^2}e^{-1/x}$$

$$f''(x)=\frac{1-2x}{x^4}e^{-1/x}$$

となるから，

$$f^{(n)}(x)=\frac{g_n(x)}{x^{2n}}e^{-1/x}$$

数学的帰納法

$g_n(x)$ は高々 $n-1$ 次の多項式であると推測する．

$$f^{(n-1)}(x)=\frac{(x^2g'(x)+g(x)-2nxg(x))e^{-1/x}}{x^{2(n+1)}}$$

となるので，$n+1$ の時にも上の推測は正しい．

$$\lim_{t\to+\infty}\frac{t^n}{e^t}=0$$

が任意の自然数 n に対して成立しているので，

$$\lim_{x\to+0}\frac{f^{(n-1)}(x)}{x}=0$$

となる．左側と合せて，$f^{(n)}(0)=0$ が従う．　終り

問 11.4　次の関数は，無限回微分可能だが，$x=1$ のまわりで，テイラー展開できないことを示せ．

あまり自然な関数ではない

$$f(x)=\begin{cases}\exp(-1)\left(\dfrac{1}{\sqrt{|x-1|}}\right) & x\neq 1\\ 0 & x=1\end{cases}$$

要するに，例題 4 の関数は原点に近付くときにいかなる多項式よりも速く 0 に収束するのであり，マクローリン展開はそのような関数までは面倒見切れないのである．もう一つ，$f(x)=\sqrt[3]{x^{10}}$ のような関数も，$x\to 0$ の挙動を x^n の型の関数だけで制御することは不可能である．複素数まで変数を拡張すると，微分方程式のモノド

ロミー群などと関係しておもしろい.(久賀道郎著 ガロアの夢)

次の例題は剰余項についての問題だが，関数列に関する極限操作を行う際には常に，気を付けなければならない点を含んでいる.

例 題 5 次の議論はどこが間違いであるか.

$$\frac{1}{1+x}=1-x+x^2+\cdots+(-1)^n x^{n-1}+R_n(x)$$

$$R_n(x)=\frac{(-1)^n}{(1+\theta x)^{n+1}} \qquad (0<\theta<1)$$

従って，

$$R_n(1)=\frac{(-1)^n}{(1+\theta)^{n+1}}$$

であり，$1<1+\theta$ であることから $\lim_{n\to\infty} R_n(1)=0$ となる.すなわち，

明らかな誤りだが

$$\frac{1}{1+1}=1-1+1-1+\cdots+(-1)^n+\cdots$$

解 説 最後にでてくる右辺の級数は，昔から級数の収束の概念の試金石としてよく使われている. かっこで括ると，$(1-1)+(1-1)+\cdots=0$ となったり，$1+(-1+1)+\cdots=1$ になったりする. 上は 1/2 にするような〝証明〟である. このような事態を処理するために，部分列の極限としての，厳密な級数の収束の定義が与えられるに至ったのである.

別の〝証明〟もある

上の議論の間違いはただ一箇所なのだが，計算ミスならぬ論理ミスとして，よくあるタイプのものである. すなわち，$R_n(x)$ の表示に現れている θ が曲者で，これは x によるだけではなく，n にもよるので本来なら，$\theta_{x,n}$ とでもかくべきものである.従って，$n\to\infty$ のとき，$\theta\to 0$ となっている. この数列の減少の速度の兼合いで，剰余項がどのようになるかは全くわからない. 終り

上のような議論は，数学における〝一様性〟として，

至る所に現れる．

3　積分の基礎理論

定積分の定義などについては，ややこしいことも多いのだが，そのあたりは，必要になった人が，ルベーグ積分などを勉強するときにやればよいことになっている．一つだけ妙な例題をあげよう．

例題 **6**　次の関数は，有理数の点では不連続であるが，区間 $[0,1]$ で積分可能であることを示せ．

グラフは切れ切れである

$$f(x)=\begin{cases} \dfrac{1}{p} & x=\dfrac{q}{p} \\ 0 & x\text{ は無理数} \end{cases}$$

解説　a を有理数として，$a_n=a+\dfrac{\sqrt{2}}{2^n}$ を考えると，これは無理数で，$a_n\to a$ となる．従って，$\lim\limits_{n\to\infty}f(a_n)=0$ で $f(a)\neq 0$ だから，有理数の点で不連続である．

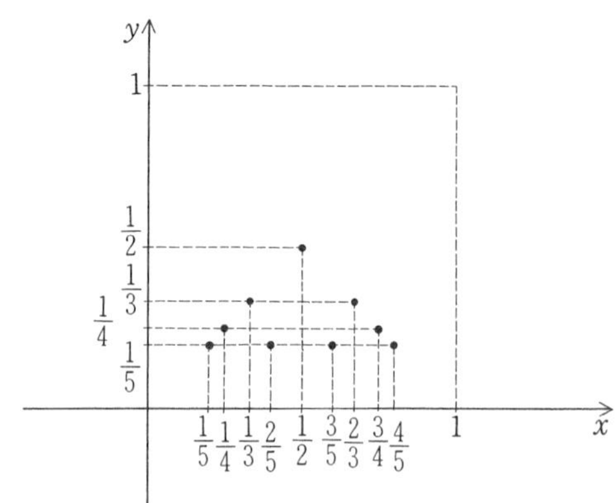

図45　x 座標に近付くほど点が密集する様子

積分できることを示す．積分の定義は $[0,1]$ を小区間

$[x_i, x_{i+1}]$ $i=1, \cdots n$ に分割してその小区間から，η_i をとって，$\sum_{i=0}^{n}(x_{i+1}-x_i)f(\eta_i)$ の小区間のはばの最大値を小さくしていくときの極限値を見ればよい．どう見ても，部分和の厳密な値を求めるのは不可能なので，不等式による評価を用いる．自然数 p を固定し，後でこれを大きくしていくことを考える．小区間のはばの最大値が，$\frac{1}{p^3}$ より小さいような分割を考える．分母が p よりも小さいような有理数の数は高々，$\frac{p(p-1)}{2}$ であるから，その様な数が入っているような小区間の和は，高々，$\frac{p(p-1)}{2}\leq\frac{1}{p^3}=\frac{1}{2p}$ である．また，それ以外の有理数の分母は p より必ず大きく，残りは無理数だから，上で考えた以外の小区間では，$f(x)$ の値は必ず，$\frac{1}{p}$ 以下であり，総和をとって見ても，$\frac{1}{p}$ 以下である．従って，全体の和も，$\frac{3}{2p}$ を超えることはない．p は任意だから，積分の値は0に収束するよりない．同じ議論によって，実は無理数の点では連続になることがわかる．　　終り

考えてみよう

実は，ルベーグ積分の議論より，関数がリーマン積分可能であるための条件は，不連続点がルベーグ測度零になることである．

ディリクレー関数という似たようなものがあり，それは，

全く病的な関数

$$f(x)=\begin{cases}1 & x\text{ は有理数}\\ 0 & x\text{ は無理数}\end{cases}$$

で与えられている．

問 11.5　上のディリクレー関数が $[0,1]$ で積分できないことを，定義から示せ．

ルベーグ積分は強力

ただし，この関数でさえ，ルベーグ積分の意味では積分できて，値は0になるのである．従って，教養段階において，積分の定義などに深く立入っても意味がないことになるのである．

広義積分についても教養の授業では触れたくない理論的な問題があり，厄介なことである．

例題 7　ガンマ関数 $\Gamma(s)=\int_0^\infty x^{s-1}e^{-x}dx\ s>0$ は s について，微分可能であることを示せ．

解説　広義積分でなければ単なる積分記号下の微分である．広義積分の場合には，区間を広げる極限が新しく入ってくるので，厄介な問題となる．しかしながら，ガンマ関数だの，ベータ関数だのは応用上からも大切なものなので，これらを全く避けてとおるわけにも行かない．

これはいつでも問題になる2重極限の処理である．積分の極限と合せれば何と3重極限である．教科書にのっている十分条件は $x^{s-1}e^{-x}\leq g(x)$ で $\int_0^\infty g(x)dx<\infty$ となるものを見つけてくればよいことになっている．そこで s_0 を一つ固定すると，この点での微分を行うには，$s_0/2<s<2s_0$ だけで考えればよいことがわかり，それならば $g(x)=x^{2s_0-1}e^{-x}$ をとっておけばよい．このような $g(x)$ のことを優関数とよぶ．　終り

s に関して一様に可積分

問 11.6　次の関数を α に関して微分することにより，

F(α) を計算しておく

$$F(\alpha)=\int_{-\infty}^\infty e^{-\alpha x^2}dx$$

次の広義積分の値を求めよ．

$$\int_{-\infty}^\infty x^2e^{-x^2}dx \qquad \int_{-\infty}^\infty x^4e^{-x^2}dx$$

これは，ガウス分布のモーメントの計算であるが，基礎理論の助けを借りて，こんなにも易しく計算できるの

である．この計算法は，熱力学の教科書にのっていた．

前にも出てきたが，2変数になると，広義積分の定義もややこしくなるし，また可積分性を証明するための条件も格別に難しくなってくる．このあたりになると，もう教養数学などでは，決して深入りしてはならない分野なのであろう．

第12章　いいのこしたことども

積分記号下の極限，テイラーの定理の剰余項の評価など，少し高度な応用問題で，言い残したトピックに触れる．この章は少し難しいが，微積分を応用する際のテクニックの多くを含んでいる．

微積分が一通り終わってから読み直してほしい．また，コンピュータを使った具体的な実践は，読者にゆだねる．

いよいよ最終章を迎えることになった．最後の回としては，連載をしていたとき，授業をしながら考えて見た幾つかのテーマについてふれて，終わることにしたい．

1　テイラーの定理いろいろ

テイラーの定理は，大学の微分学の最もポピュラーな定理である．しかしながら，よく教科書に載っているこの定理の証明は，あまりわかりやすいとは言えない．通常の教科書では，n 回微分可能だが必ずしも $f^{(n)}(x)$ は連続とは限らない関数に対して議論していることもあって，天下り的だ．教養の数学で，n 階導関数の連続性などにあまりこだわることには意味がないと思われるし，多くの方が実際そのように発言されている．

"微分学"として独立していた時代のなごり

テイラーの定理の導き方で最も納得しやすいのは，積分を使う方法だと思う．微積分の基本定理の一つの形である，

$$f(x)=f(a)+\int_a^x f'(t)dt$$

を出発点にする．微分より積分の方が往々にして扱いやすいものである．右端の積分のところを $(x-t)'$ と $f'(t)$ の積と見て部分積分してやると，

$$f(x)=f(a)+f'(a)(x-a)+\int_a^x (x-t)f''(t)dt$$

$$=f(a)+f'(a)(x-a)+\frac{f''(a)}{2}(x-a)^2+\int_a^x \frac{(x-t)^2}{2!}f^{(3)}dt$$

となる．以下，部分積分を $n+1$ 回実行すると，

自然に導かれる

$$f(x)=f(a)+f'(a)(x-a)+\cdots+\frac{f^{(n-1)}(a)}{(n-1)!}(x-a)^{n-1}+R_n(x)$$

$$R_n(x)=\int_a^x \frac{(x-t)^{n-1}}{(n-1)!}f^n(t)dt$$

となり，テイラーの定理が得られる．ただし，通常と違って，剰余項が，積分の形で与えられている．

この形の欠点は，$f^{(n)}(x)$ の連続性が要求されること

である．しかしそれは問題にしないことにしている．逆に，この方法の良いところは，導き方が自然であること，また情報があまり失われていないことである．例えば，積分型からラグランジュやコーシーの剰余項を導くことが容易にできる．簡単のため $a<x$ とする．p を $1\leq p\leq n$ を満たす自然数とし，$(x-t)^{n-p}f^{(n)}(t)$ の $a\leq t\leq x$ における最大値を m，最小値をMとする．

$(x-t)^n$ の分け方の問題

$$\int_a^x m\frac{(x-t)^{p-1}}{(n-1)!}dt\leq\int_a^x\frac{(x-t)^{n-1}}{(n-1)!}f^{(n)}(t)dt\leq\int_a^x M\frac{(x-t)^{p-1}}{(n-1)!}dt$$

を得る．

$$m\leq\frac{p}{(x-a)^p}\int_a^x(x-t)^{n-1}f^{(n)}(t)dt\leq M$$

従って，

$$(x-c)^{n-p}f^{(n)}(c)=\frac{p}{(x-a)^p}\int_a^x(x-t)^{n-1}f^{(n)}(t)dt$$

すなわち，

$$R_n(x)=\frac{(x-c)^{n-p}(x-a)^p}{p(n-1)!}f^{(n)}(c)$$

となる $a<c<x$ となる c が存在する．これは積分の平均値の定理と同じ議論である．導きからわかるように，c という数は，x，n だけではなく p にまでも依存しているので要注意である．$p=n$ のときがラグランジュの剰余で，$p=1$ のときがコーシーの剰余である．それ以外の p の形が使われたという話は聞かない．

積分の平均値の定理の議論を使うと，$x\to a$ とでもしてしまわない限り，幾らかの情報は失ってしまうものである．剰余項というものは，級数展開の可能性を論じる場合とか，近似式の誤差の評価などに使う．大半はラグランジュの剰余でよいのだが，際どい場合にはうまく行かないことがある．

ラグランジュの形が最も分かりやすい

例題 1　α を 0 でない実数とする．$|x|<1$ のとき次

の一般2項定理が成立つ．

$$(1+x)^\alpha=\sum_{n=0}^{\infty}\binom{\alpha}{n}x^n$$

$x=1$ のときの状況も調べよ．

解説　$f(x)=(1+x)^\alpha$ とする．$f^{(n)}(x)=\alpha(\alpha-1)\cdots(\alpha-n+1)(1+x)^{\alpha-n}$ であるから，$f^{(n)}(0)/(n!)=\binom{\alpha}{n}$ である．一般項についてはこのように計算できる．

剰余項については，積分形でみると，

$$R_n(x)=\int_0^x\frac{\alpha(\alpha-1)\cdots(\alpha-n+1)}{(n-1)!}(1+t)^{\alpha-n}(x-t)^{n-1}dt$$

である．ややこしい形をしているが，まず，$\dfrac{\alpha(\alpha-1)\cdots(\alpha-n+1)}{(n-1)!}$ の部分を処理しよう．$\alpha>0$ とする．このとき，n が大きくなると，$n-1>n-\alpha-1>0$ となってしまうことを考えると，

αの値による場合分け

$$\left|\frac{\alpha(\alpha-1)\cdots(\alpha-n+1)}{(n-1)!}\right|\leq\alpha\cdot(\alpha-1)\cdot(\alpha-2)\cdots(\alpha-[\alpha])$$

となり，有界である．

α が負の場合が問題であるが，$M=[-\alpha]$ として，

$$\left|\frac{\alpha(\alpha-1)\cdots(\alpha-n+1)}{(n-1)!}\right|\leq\frac{(M+1)(M+2)\cdots(M+n)}{(n-1)!}$$
$$=n(n+1)(n+2)\cdots(n+M)\leq(n+M)^{M+1}$$

n の多項式でおさえる

である．次に，

$$(1+t)^{\alpha-n}(x-t)^{n-1}=\left(\frac{x-t}{1+t}\right)^{n-1}(1+t)^{\alpha-1}$$

である．以後の便宜のため，$R_n(x)$ の被積分関数を $k(t)$ とする．

まず，$-1<x<1$ の場合を考える．t が 0 と x の間を動くとき，

証明はやさしいが思いつきにくい

$$\left|\frac{x-t}{1+t}\right|\leq|x|$$

となることが容易にわかる．

$\alpha>0$ の場合，

$$|k(t)|\leq(1+t)^{\alpha-1}|x|^{n-1}$$

であって，n を十分大きくすれば，$|x|^{n-1}$ はいくらでも小さい正の数 A よりも小さくすることができる．

また，$\alpha<0$ の場合，

$$|k(t)|\leq(n+M)^{M+1}(1+t)^{\alpha-1}|x|^{n-1}$$

一様収束を調べている

である．$|x|<1$ で M は定数であるから，n を十分大きくすれば，$(n+M)^{M+1}|x|^{n-1}$ はいくらでも小さい正の数 A よりも小さくすることができる．

いずれにしても，

$$|R_n(x)|\leq A\left|\int_0^x(1+t)^{\alpha-1}dt\right|$$

となって，A はいくらでも小さくでき，積分の中には n に関係するところはないので，$R_n(x)\to 0$ が従う．

境界の場合

$x=1$ の状況は，もう少し複雑である．$\alpha>-1$ と $\alpha\leq-1$ で状況が分かれる．$\alpha\leq-1$ とすると，マクローリン展開の一般項に $x=1$ を代入した $\binom{\alpha}{n}$ が 0 に収束しないので，そもそも展開不可能である．$\alpha>-1$ の時には，一般項は 0 に収束するのでマクローリン展開ができそうである．この場合には，むしろラグランジュの剰余の形のほうがみやすい．積分形でもできるのだが，少しばかり余分な手間が掛かる．

$$R_n(x)=\frac{\alpha(\alpha-1)\cdots(\alpha-n+1)}{n!}(1+\theta)^{\alpha-n}$$

である．$(1+\theta)^{\alpha-n}$ が 0 に行くことがわかれば良いが，θ は n によるので，有界であることしかわからない．そこで，残りが 0 に収束することをみる．

$\alpha>0$ ならば，話は簡単で，

$$\left|\frac{\alpha(\alpha-1)\cdots(\alpha-n+1)}{n!}\right|\leq\frac{1}{n}$$

となるので，0 に収束する．

$-1<\alpha<0$ のときが残る．

$$\frac{|\alpha(\alpha-1)\cdots(\alpha-n+1)|}{n!}=\prod_{n=1}^{\infty}\left(1+\frac{-\alpha-1}{n}\right)$$

と無限積の形にかける．$0<x<1$ で

$$\log(1-x)<-x$$

が，グラフの形から成立する．従って，Nを自然数として，

無限積と級数の関係

$$\log\prod_{n=1}^{N}\left(1+\frac{-\alpha-1}{n}\right)=\sum_{n=1}^{N}\log\left(1+\frac{-\alpha-1}{n}\right)$$
$$<-\sum_{n=1}^{N}\frac{\alpha+1}{n}$$

となる．$N\to\infty$ で右辺が $-\infty$ に発散することより，左辺も $-\infty$ に発散し，上の無限積は0に行かざるを得ない．ただし，無限積の場合，0に行くのは発散と呼ぶ．

終り

問 12.1　$\log(1+x)$ のマクローリン展開の剰余項が $-1<x\leq 1$ で収束することを示せ．

かなりややこしい評価を多用して，教養数学の限界に近い部分である．この例題，問題は，ラグランジュの剰余項だけでやろうとすると，うまく説明できないものとして，よく知られている．試しに，無限等比級数の和の公式，

$$\frac{1}{1+x}=1-x+x^2-x^3+x^4-\cdots$$

をテイラーの定理とラグランジュの剰余項を用いて，証明しようとすると，

$$|R_n(x)|=|x/(1+\theta x)|^n$$

こんな簡単な関数で不思議だが

となるが，$0<\theta<1$ であるから，$x=-1$ の近くでは $|x/(1+\theta x)|$ の大きさが計りようがない．剰余項の積分型からラグランジュの剰余項を導くときに積分の平均値の定理を少し拡張した議論を用いていることによって，

このような阻齬が，生じるのである．

あえてテイラーの定理にこだわらず，マクローリン展開だけで説明しようとするやり方もある．理論を少し必要とするが，計算がわかりやすいので，アメリカの教科書などでは，このやり方を使っていた．

この方が良い？

まず，α を実数として，関数

$$F(x)=\sum_{n=0}^{\infty}\binom{\alpha}{n}x^n$$

現級数から出発してもとの関数にかえる

を考える．これが，$(1+x)^{\alpha}$ に一致することをみる．収束半径は，1で，少なくとも $-1<x<1$ においては，$F'(x)$ は右辺の項別微分でかくことができる．

$$\begin{aligned}F'(x)&=\sum_{n=0}^{\infty}\frac{\alpha(\alpha-1)\cdots(\alpha-n+1)}{n!}nx^{n-1}\\&=\sum_{n=0}^{\infty}\frac{\alpha(\alpha-1)\cdots(\alpha-1-(n-1)-1)}{(n-1)!}x^{n-1}\\&=\alpha\sum_{n=0}^{\infty}\binom{\alpha-1}{n}x^n\end{aligned}$$

となる．元の関数と関連性を付けるために，両辺に $(1+x)$ をかける．絶対収束級数だから，展開することが許される．

$$\begin{aligned}(1+x)F'(x)&=\alpha\sum_{n=0}^{\infty}\binom{\alpha-1}{n}x^n+x^{n+1}\\&=1+\sum_{n=1}^{\infty}\left\{\binom{\alpha-1}{n-1}+\binom{\alpha-1}{n-1}\right\}x^n\\&=\alpha F(x)\end{aligned}$$

となり，$F(x)$ は次の微分方程式を満たす．

$$(1+x)F'(x)=\alpha F(x)$$

これは，変数分離形の微分方程式であるから，$F(0)=1$ の初期条件で解くことにする．

$$\frac{F'(x)}{F(x)}=\frac{\alpha}{1+x}$$
$$\log|F(x)|=\alpha\log|1+x|+C$$

一意性もことわっておくとよい

である．初期条件より，$C=0$ で，$F(x)=(1+x)^{\alpha}$ を得る．整級数とか，微分方程式という概念が，いかに自然で役に立つかということが改めてわかるであろう．

ついでに，他の関数でもみてみると，

$$G(x)=\sum_{n=0}^{\infty}\frac{1}{n!}x^n$$
$$H(x)=\sum_{n=1}^{\infty}\frac{(-1)^n}{(2n-1)!}x^{2n-1}$$

とすると，項別微分により，

$$G'(x)=G(x) \qquad H''(x)=-H(x)$$

がわかる．$G(x)=e^x$，$H(x)=\sin x$ がこれらの微分方程式を満たしていることは直ちにわかる．最後の決め手は，これらの微分方程式の解の一意性定理で，これにより，$G(x)=e^x$，$H(x)=\sin x$ でなければならないことがわかる．

カリキュラムの順番

ただし，このような方向で一貫しようとすると，級数の絶対収束性，項別微積分可能性，収束半径など，整級数に関する基本的な事項，微分方程式の解の一意性に関することを多少なりともすませておかなければならず，カリキュラム編成上頭の痛いことである．

2　積分と極限，はさみうちの原理

はさみうちの原理

積分記号のなかで極限をとる問題は，教養数学からはみ出すぎりぎりのテーマである．普通は，一様収束とからんでとりあげられるが，私は，むしろはさみうちの原理の応用として説明すべきではないかと考えている．はさみうちの原理こそが解析的な（微積分的な）考え方の最も基本的なものの一つであり，あまり複雑にならない極限の計算は，定義を表に出さなくても，これと，単調有界数列の収束性等を使うことによって，わかりやすく説明することができるのではないだろうか．とにかく微積分は不等式の学問なのだから，不等式を繰り返し使って意味のある結論を導くことが教育的に重要だと思う．私は，微積分の多くの教科書において，はさみうちの原理に関する記述が少ないことをいつも不満に思っている．

不等式の学問

例 題 **2**　$f(x)$ は $[0,1]$ で連続かつ単調増加で，$f(0)=0$，$f(1)=1$ とする．

$$\lim_{n\to\infty}\int_0^1 f(x)^n dx=0$$

となることを示せ．

定理は使えないがこういう状況は多い

解 説　被積分関数は $x=1$ で常に，1 だから積分区間で決して一様収束しないことに注意．ルベーグ積分の有界収束定理を使えばこの場合にも対処できるが，ここではそんな難しいことは持ちだしたくない．

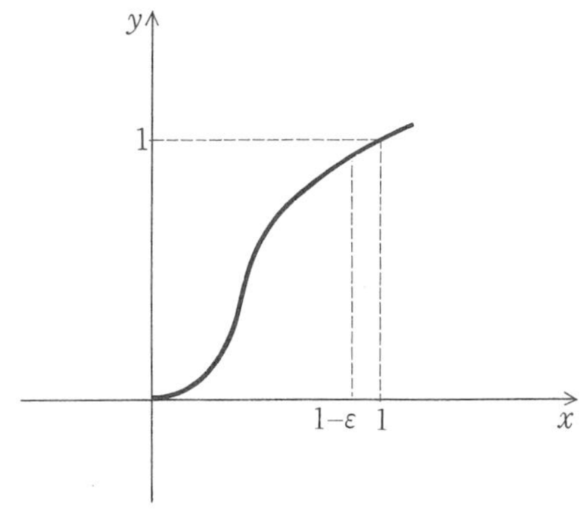

図46　単調関数

$$a_n=\int_0^1 f(x)^n dx$$

によって，数列 $\{a_n\}$ を定義すると，これは，単調減少で下に有界だから，必ず収束する．収束する数列の部分列は必ず同じ極限値に収束するので，都合のよい部分列を考えることにする．自然数の列，$\{n_k\}_{k=1,2,\cdots}$ を次の条件を満たす最小の自然数として定義する．$f(1-1/2k)^{n_k}<1/2k$．

ここがテクニック

$$
\begin{aligned}
0 &\leq \left|\int_0^1 f(x)^n dx\right| \\
&\leq \left|\int_0^1 (1/2k)dx\right| + \left|\int_{1-1/2k}^1 dx\right| \\
&\leq 1/k
\end{aligned}
$$

この不等式によって，$k\to\infty$ のとき考えている数列の部分列が 0 に収束する．従って，例題がわかる．例えば，$f(x)=\dfrac{x}{2-x}$ などが該当している．　終り

実数の連続性という理論的なことが具体的な計算の助けになっている．

問 12.2　次の極限値を求めよ．

$$\lim_{n\to\infty}\int_0^\infty \frac{dx}{\sqrt{1+nx^5}}$$

例題 3　次の極限値を求めよ．

$$\lim_{n\to\infty}\int_0^\infty \frac{\sin nx}{1+x^2}dx$$

解説　非常に難しい．余力のある方は隙間を埋めてみて欲しい．

$\varepsilon>0$ を一つ取って固定する．広義積分

$$\int_0^x \frac{dx}{1+x^2}$$

は収束するので，十分大きい $M>0$ をとって，

全区間で一気に考えることはできない

$$\int_M^\infty \frac{dx}{1+x^2}dx<\varepsilon/3$$

とできる．従って，

$$\left|\int_M^{\infty}\frac{\sin nx}{1+x^2}dx\right|<\varepsilon/3$$

となる．$[0, M]$ で考えればよい．それでも具体的に積分の計算を実行することはできない．$f(x)=\dfrac{1}{1+x^2}$ として，$[0, M]$ を幅 $\dfrac{\varepsilon}{6M}$ の小区間に分け，各小区間では $f_\varepsilon(x)$ の値を左の端点の値として定義する．$|f(x)'|\leq 2$ だから，$[0, M]$ で $|f(x)-f_\varepsilon(x)|\leq\dfrac{\varepsilon}{3M}$ となる．従って，

$$\int_0^M|f(x)-f_\varepsilon(x)|dx<\varepsilon/3$$

である．$f_\varepsilon(x)$ は小区間では定数であることに注意．

せまいところでは $\sin nx$ のように思える

$$\lim_{n\to\infty}\int_a^b\sin nx\,dx=\lim_{n\to\infty}\frac{\cos nb-\cos na}{n}=0$$

が常に成立つことより，n を十分大きくすると，

$$\left|\int_0^M f_\varepsilon(x)\sin nx\,dx\right|<\varepsilon/3$$

となる．この3つの不等式をつないで，

$$\left|\int_0^{\infty}\frac{\sin nx}{1+x^2}dx\right|<\varepsilon$$

となる．ε は任意だから極限値は0になる．　　　　終り

連続関数でない場合はもう1ステップある

これは，リーマンルベーグの定理と呼ばれるものであり，$\dfrac{1}{1+x^2}$ には限らず，可積分な関数ならよい．

挟みうちの原理を基本とした路線で一貫してみるのも，良いかもしれない．通常理解が難しいと言われている一様性とか同等性に関することを，ある程度，わかりやすく表現できることがあるのではないだろうか．

3　数値計算など

近似計算，数値積分などの数値解析は本来微積分と切っても切れない関係にあるが，現在の教養の微積分では，どちらかというと，理論的なことが主で，こちらの方はあまり触れられることが少ないように思う．数値計算の誤差の評価は極限の考え方と共通しているし，工学系の学生はいずれにしても将来このようなことを扱うことになるので，考え方などに触れておくべきだと思う．

100桁でも

例題 4　π の近似値を5桁ぐらいまで計算してみよう．コンピュータが使える人は，15桁ぐらいまで計算してみよう．

解説　昔の人は π の近似値を計算する為に大変な苦労をしたものである．ルドルフという人は π を600桁ほど計算するために一生を費やしたという．苦労には二つあって，計算の手法が不足していたことと計算機がなかったことである．ここでは計算法について触れてみよう．π の近似値を求めるアイデアはかなりたくさんあり得る．それは π という数が普遍的なもので，数学の色々なところに顔を出すからである．しかし大半は実用的に役に立ちにくいものである．例えば

$$\int_0^{\frac{1}{2}} \frac{dx}{\sqrt{1-x^2}}$$

などの積分をシンプソンの公式によって数値計算するものもある．

しかし，通常使われる方法は逆三角関数を用いる方法である．その中でも逆正接関数が最も扱いやすい．逆正接関数の値は，マクローリン展開によって求める．すなわち，

グレゴリーの級数とよばれる

$$\mathrm{Tan}^{-1}x=\sum_{k=0}^{\infty}(-1)^{n-1}\frac{x^{2n+1}}{(2n+1)}$$

である．最も素朴な発想は $x=1$ と代入するものである．

最悪!!

$$\frac{\pi}{4}=\sum_{k=0}^{\infty}(-1)^{n-1}\frac{1}{(2n+1)}$$

原理的にはこれで計算できるはずであるが，第 n 項まで計算したときの誤差が大体 $1/(2n+1)$ ぐらいになり，とても実用に耐えそうもない．1000回計算してもせいぜい3桁ぐらいである．問題点は最も収束の悪い点である $x=1$ を用いていることである．少し工夫すると

$$\frac{\pi}{4}=\mathrm{Tan}^{-1}\frac{1}{2}+\mathrm{Tan}^{-1}\frac{1}{3}$$

が出てくる．これを使えば，$\mathrm{Tan}^{-1}x$ の級数が $(1/2)^{2n+1}$ のスピードで0に収束する．これでもかなり実用的だが，一般にはもう少し工夫したマチンの公式とよばれる次の式がよく用いられている．

$$\frac{\pi}{4}=4\mathrm{Tan}^{-1}\frac{1}{5}-\mathrm{Tan}^{-1}\frac{1}{239}$$

実際にはこの種の公式はかなり多く知られているらしい．分数を多く組合せて1を作るパズルである．

誤差の評価もしっかりやってほしい

$\mathrm{Tan}^{-1}(1/5)$ の計算誤差は交代級数であることから打切った項の次の項で評価されるので，$4/(2n+3)(1/5)^{2n+3}$ ぐらいである．分母の $2n+3$ はあまり大きくならないので無視しよう．

$$(1/5)^{2n+3}\leq 10^{-12}$$

を対数を使ってとけば，$n>\frac{1}{2}\left(\frac{12}{0.7}-3\right)$ となり，8回程度の計算で十分であることがわかる．電卓を使用すればすぐに終わってしまう．計算を実行する注意としては，なるべく行なった計算を無駄にしないことである．$(1/5)^n$ を記憶しておいて，$2n+1$ で割る．

計算機で非常に長い桁の計算をする方法も大筋ではこんなものである．ただ，大きい桁の数を扱うための多倍長計算という工夫が必要になるだけである． 終り

問 12.3 e の近似値を5けたまで計算せよ．もし計算機を持っていれば，20桁ぐらいまで計算せよ．

数値計算に関しては，さらに，方程式の解を求めるニュートン法とよばれるものがある．よくでて来る漸化式として，Aを正の実数としたときに，

$$a_{n+1}=\frac{1}{2}\left(a_n+\frac{A}{a_n}\right)$$

がある．これは一般項がわからない非線型漸化式の最も簡単なものの部類で，$\{a_n\}$ は $\sqrt{A}$ に単調に減少しながら近付くことが容易に示され，演習問題としてもよく出題される．実はこの平方根の計算法は，紀元前のバビロニアの数学の粘土板に記されていたものであり，収束が極めて速いことで知られている．

昔の人はえらい！

実は，これは方程式 $x^2-A=0$ にニュートン法とよばれる解の近似法を適用したものである．もちろん，バビロニア人は，ニュートン法の原理などは知らなかった．ニュートン法とは次のようなものである．$f(x)$ は十分に微分可能な関数とする．$f(x)=0$ の解を近似したいので，その解の在りかの見当を付けて，その近くの値を a_0 とする．$y=f(x)$ に $x=a_0$ において接線をひき，それと x 軸の交点の x 座標を a_1 とする．この作業を繰り返す．そうすると容易に漸化式

$$a_{n+1}=a_n-\frac{f(a_n)}{f'(a_n)}$$

が導かれる．この数列の極限値が本来 $f(x)=0$ の解を近似するはずである．

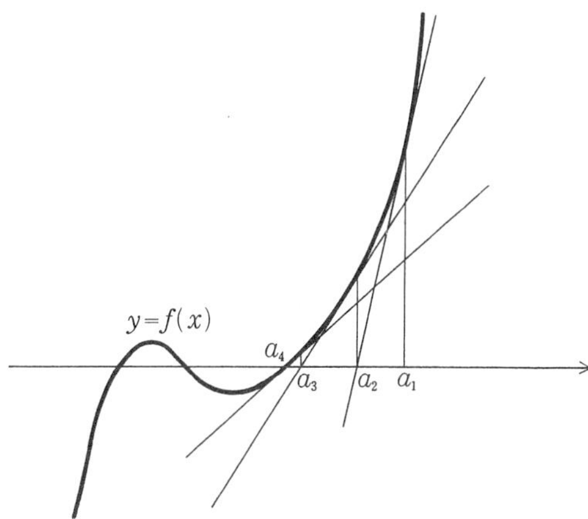

図47　ニュートン法

ただし,いつも求める解に収束してくれるとは限らず,なんらかの仮定が必要である．求めたい解を α としよう．

この仮定は必ずしも必要ではない

例題 5　求めたい解の周辺で，$f'(x)>0$, $f''(x)>0$ などを仮定する．$a_0>\alpha$ の適当な値から出発するとする．そのとき，$\lim_{n\to\infty} a_n=0$ で，収束は非常に速い．

解説　漸化式の両辺から α を引く．

$$
\begin{aligned}
a_{n+1}-\alpha &= a_n-\alpha-\frac{f(a_n)-f(\alpha)}{f'(a_n)} \\
&= a_n-\alpha-\frac{f'(c)}{f'(a_n)}(a_n-\alpha) \\
&= (a_n-\alpha)^2\frac{f''(c')}{f'(a_n)}
\end{aligned}
$$

となる．ここで，c, c' は a_n と α の間の数である．$f'(x)$, $f''(x)$ に対して平均値の定理を適用した．そこで，この近辺の $f''(x)$ の最大値を M, $f'(x)$ の最小値を m (m は 0 にならない) として,

$$|a_{n+1}-\alpha| \leqq \frac{M}{m}(a_n-\alpha)^2$$

となる．従って，$|a_0-\alpha| \leq \min\left\{1/2,\ \frac{m^2}{M}\right\}$ としておけば，$a_n \to \alpha$ となる．

収束の速度については，$\frac{M}{m}$ の値によるが，これが一桁程度であれば，大体一回計算するごとに，有効数字の桁数が，2倍くらいになっていくことがわかる．上の $\sqrt{A}$ の計算を計算機なり電卓なりでやってみると，確かにそのようになっている．　終り

大変なスピードである

問 12.4　$f(x)=x^5-2$ としてこの $f(x)$ に対してニュートン法を適用することによって，2の5乗根を小数第5位ぐらいまで求めよ．

また，$\sin x - x + 1 = 0$ など，厳密に解けない方程式をニュートン法で解いてみよう．また，パソコンとかプログラム電卓をもっている人は，解を計算するプログラムを組んでみよう．

簡単である
誤差も評価してみよう

ただ，ニュートン法においては出発点によっては解にうまく収束しないこともあるので，中間値の定理などを使って，あらかじめ解が存在するところをよく調べておいた方がよい．またそうすれば収束も速くなる．

さらにニュートン法から生じる漸化式を複素数にまで拡張して考えると，非線型複素力学系と言われるものの例を与える．

$$a_{n+1}=\frac{1}{2}\left(a_n+\frac{2}{a_n}\right)$$

の場合には，事情は簡単である．

$$b_n=\frac{a_n-\sqrt{2}}{a_n+\sqrt{2}}$$

とおいて，(複素数の)新しい数列 $\{b_n\}$ を考える．この漸化式は，$b_{n+1}=b_n{}^2$ という非常に簡単な漸化式になり，$|b_1|<1$ ならば，0に，$|b_1|>1$ ならば，$|b_n|$ が無限大に

発散する．$|b_1|=1$ のときはどちらにも収束しない．

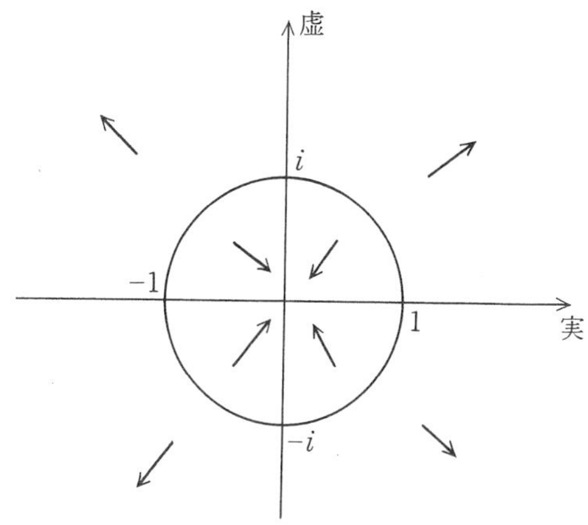

図48　単位円版

これを a_n に戻すと，$\mathrm{Re}(a_1)>0$ のときは，$\lim_{n\to\infty} a_n=\sqrt{2}$，$\mathrm{Re}(a_1)<0$ のときは，$\lim_{n\to\infty} a_n=-\sqrt{2}$ となる．虚軸上から出発するとどちらにも収束しない．

ジュリア集合とよぶ

$f(x)=x^3-2$ から出発して複素力学系を考えると，事態は一転して複雑になる．どの3乗根にも収束しない点の集合が極めて入組んだいわゆるフラクタル図形になり，コンピュータでかかせると非常におもしろい．

このようにして，微積分はコンピュータとまたつながって行くのである．フラクタルグラフィックスのパソコン実験については，パソコンサイド，フラクタル幾何学サイドの両方から，多くの本が出版されている．

微積分のための線型代数特訓

微積分と線型代数が孤立して教えられている現状は，いささか問題である．微積は線型代数的考えによって明快な記述を与えられ，線型代数は微積のテーマを考えることで意味が明確になる．

高木貞治の解析概論，佐竹一郎の線型代数を陵駕して融合するような教科書が出てくるのはいつの日であろうか．

微積分と線型代数は一体であるべきだ

教養数学の二つの柱が微積分と線型代数とであることは，良く知られている．しかし，微積分と線型代数はあまり関連性なく授業が進められることが多く，微積分の授業の中で線型代数が必要になって困ることがよくある．さらには，教科書もほとんど相手のことは考えずに作られていることが多い．この本のもとになった連載においても，線型代数の方は，別の方が担当されていた．

微分すること自体が，一次関数すなわち線型写像とか，二次形式などで関数を近似することであり，変数が増えると必然的に線型代数の言葉を使わなければならなくなる．それなのに，そのために必要な，行列の対角化，二次形式の話など，線型代数の後ろの方にあり，場合によっては時間切れで触れられないことすらあるような状況である．特に工学部など，このような話をなるべく先にもってくるようなカリキュラムを作ることが必要になってきているのではないだろうか．

そこで，最後の章において，線型代数の中で微積分に特に必要になるものを選んで解説しておくことになった．

具体的には，行列の対角化，その一般化としてのジョルダンの標準型，行列の指数，二次形式の符号，直交多項式の線型代数的取り扱い，また，写像の線型近似によって，微積分と線型代数が関連してくる事情にも触れる．

線型代数の重要性を学生諸君にアピールするためにも，このような項目をどこかで強調しておく必要があると思う．

1　行列の固有値について

さまざまな分野に行列が表れるのだが，その行列がもし簡単な形に変形できると問題が非常に簡単になるだろう．その簡単な形の典型が，対角型と呼ばれるものである．以下，Aで正方行列を表す．Aが2次の場合適当な正則行列Pを見つけて，

$$P^{-1}AP=\begin{pmatrix} p & 0 \\ 0 & q \end{pmatrix}$$

と表すことが，行列の対角化である．応用についてはあとで触れよう．

この話は,大概の教科書の後ろの方に出てくるのだが,これだけを説明することはそんなに難しくない．最初のポイントは，固有値と固有ベクトルを見つけることである．すなわち，

$$A\boldsymbol{p}=\lambda\boldsymbol{p}$$

となる0でないベクトル $\boldsymbol{p}$ とスカラー λ を見つけることである．これは一見難しそうであるが，λ の方は，$A-\lambda I$ が正則行列でないという条件から，$\det(A-\lambda I)=0$ という方程式になって，（もちろん計算できる場合には）すぐにわかってしまう．2行2列の場合には，2次方程式に過ぎない．この方程式が重解を持つ場合は大いにややこしく,対角化できる場合もできない場合もある．

そこで,全ての解が異なっている場合を先に考えよう．解を λ_1, …, λ_n とおく．$A\boldsymbol{p}=\lambda_i\boldsymbol{p}$ を解くことは,連立一次方程式を解くことであるから，行列の次数が低ければ直ちに解け，そうでない場合には掃き出し法によれば良い．対応する固有ベクトルを $\boldsymbol{p}_1$, …, $\boldsymbol{p}_n$ とかく．ここでは省略するが，これらのベクトルの族は1次独立であることがわかる．そこで，このベクトルを縦ベクトルとして，横に並べて行列 P を作る．

異なる固有値に属する固有ベクトルは一次独立

$$P=(\boldsymbol{p}_1,\ \cdots,\ \boldsymbol{p}_n)$$

1次独立性より，これは正則行列で，逆行列 P^{-1} が存在する．実は，

求める式

$$P^{-1}AP=\begin{pmatrix} \lambda_1 & 0 & 0 & \cdots & 0 \\ 0 & \lambda_2 & 0 & \cdots & 0 \\ 0 & 0 & \lambda_3 & \cdots & 0 \\ \vdots & \vdots & \vdots & \ddots & \vdots \\ 0 & 0 & 0 & \cdots & \lambda_n \end{pmatrix}=D$$

という式は，$AP=PD$ であり，縦ベクトルごとにまとめて考えると，$A\boldsymbol{p}_j=\lambda_j\boldsymbol{p}_j$ に他ならない．

ここで，一つ具体的な計算の例題をあげよう．

例 題 1　次の行列を対角化せよ．対角化に用いる行列も求めよ．

$$A=\begin{pmatrix} 2 & -1 & -3 \\ 3 & -2 & -3 \\ -3 & 3 & 2 \end{pmatrix}$$

解 説　最初に A の固有値が必要なので，固有方程式を計算する．すなわち，

$$\det(A-tI)=\begin{vmatrix} 2-t & -1 & -3 \\ 3 & -2-t & -3 \\ -3 & 3 & 2-t \end{vmatrix}=\varphi_A(t)$$

として，行列式を展開すると，

$$\begin{aligned}\varphi_A(t)&=-t^3-2t+t+2\\&=-(t-1)(t+1)(t-2)\end{aligned}$$

となる．従ってまず，固有値が 1，-1，2 の三つであることがわかる．これらに対応する固有ベクトルを求めよう．例えば，-1 の場合を考える．

線型方程式となる

$$A\boldsymbol{p}_1=(-1)\boldsymbol{p}_1$$

を解いて，0 でない $\boldsymbol{p}_1$ を求める．これは，行列の型が大きい場合には，掃き出し法を用いる．しかしこの場合には，成分で書いて直ちに求めることができる．ただし，固有ベクトルは定数倍の任意性がある．この場合には適当なものを取れば良い．ここでは，

$$\boldsymbol{p}_1={}^t(1\quad 1\quad 0)$$

P には任意性があるが

ととっておこう．同じようにして他の固有ベクトルも求められるので，これらを並べたものを P とする．すなわち，

$$P=\begin{pmatrix} 1 & 1 & 3 \\ 1 & 0 & 3 \\ 0 & 1 & -1 \end{pmatrix}$$

とする．そうすると理論の方から，

$$P^{-1}AP=\begin{pmatrix} -1 & 0 & 0 \\ 0 & 1 & 0 \\ 0 & 0 & 2 \end{pmatrix}$$

となることがわかる．因みに，

逆行列の計算も必要

$$P^{-1}=\begin{pmatrix} -3 & 4 & 3 \\ 1 & -1 & 0 \\ 1 & -1 & -1 \end{pmatrix}$$

であるが，単に対角化するだけなら，これを求める必要はない．しかし，対角化を具体的な問題にしようとするとたちどころに必要となるから，求めておく方が身のためである．　　終り

さて，直ちに上の対角化の簡単な応用を例題としてあげよう．

例題 2　前の例題の行列Aをもう一度取り，A^nを求めよ．ただし，nは整数とする．

解説　上の例題の対角型行列をDとおくと，$A=PDP^{-1}$であった．

$$\begin{aligned} A^n &= (PDP^{-1})^n = PD^nP^{-1} \\ &= P\begin{pmatrix} (-1)^n & 0 & 0 \\ 0 & 1 & 0 \\ 0 & 0 & 2^n \end{pmatrix}P^{-1} \\ &= \begin{pmatrix} -3(-1)^n+1+3\cdot 2^n & 4(-1)^n-1-3\cdot 2^n & 3(-1)^n+3\cdot 2^n \\ -3(-1)^n+3\cdot 2^n & 4(-1)^n-3\cdot 2^n & 3(-1)^n+3\cdot 2^n \\ 1-2^n & -1+2^n & -2^n \end{pmatrix} \end{aligned}$$

P^{-1}の計算が必要な理由

により，A^nが求められる．このような形を，帰納的に類

推することはほとんど不可能であろう．

ただし，A^n を求めるには別の方法もある．実は，**Hamilton－Carely** の公式により，

$$A^3+2A^2-A-2I=O$$

実は最小多項式である

が言える．これによって A^n の次数を下げてしまえば，整式の計算によって求めることもできる．しかし，固有多項式を使っているのだから，固有値を使っていることにかわりはない．　終り

対角化のテーマには，実はもう少し色々問題がある．あとで二次形式の標準型などのところに関係があるのだが，ここで触れておこう．行列 A が正規行列であるとは，$A^*A=AA^*$ となることである．特に，エルミート行列，ユニタリ行列は正規行列である．

美しい定理

定理　行列 A が正規行列であるための必要十分条件は，ユニタリ行列によって対角化されることである．

ここでは，全て複素数の範囲で考えていることに注意．これは，固有ベクトルの言葉で言えば，全ての固有ベクトルが，空間の正規直交基底として取れるということである．証明は，ユニタリ行列による三角化によって行なう．

このことから，特に実対称行列について，次の定理となる．

定理　実対称行列は，直交行列によって対角化することができる．

実対称行列は性質が良い

ここで注目すべきことは，実対称行列の場合には，固有多項式が重解を持っても対角化できることと，固有多項式の解が全て異なる場合，全ての固有ベクトルは自動的に直交してしまうことである．応用はあとに回すとし

て，具体的な例題をあげよう．

例題 3　次の行列Bを直交行列で対角化せよ．

$$B=\begin{pmatrix} 0 & -1 & 1 \\ -1 & 0 & -1 \\ 1 & -1 & 0 \end{pmatrix}$$

行列の rank

解説　同様にして，まず固有多項式を求めると，$\varphi_B(t)=-(t+1)^2(t-2)$ となり，固有値は $-1, 2$ となる．こんどは，-1 が重解であるので，固有空間の次元が 2 でなければならない．それは，$B+I$ の **rank** が 1 になることから，直ちに見て取れる．固有値 2 に対応する固有ベクトルを $\boldsymbol{p}_3$ とすると ${}^t(1\ \ -1\ \ 1)$ と取れる．ただし，これは長さが 1 でないので，$\sqrt{3}$ で割っておかなければならない．-1 に対応する固有ベクトルで直交するものは，$\boldsymbol{p}_1={}^t(1\ \ 1\ \ 0)$, $\boldsymbol{p}_2={}^t(1\ \ 0\ \ -1)$ が取れる．これらは $\boldsymbol{p}_3$ とは自動的に直交するので，それぞれ，$\sqrt{2}$ で割っておけばよい．よって，直交行列Sを次のように置く．

$$S=\frac{1}{\sqrt{6}}\begin{pmatrix} \sqrt{3} & 1 & \sqrt{2} \\ \sqrt{3} & -1 & -\sqrt{2} \\ 0 & -2 & \sqrt{2} \end{pmatrix}$$

そうすると，

$$S^{-1}BS=\begin{pmatrix} -1 & 0 & 0 \\ 0 & -1 & 0 \\ 0 & 0 & 2 \end{pmatrix}$$

計算しなくてもわかる

となり，対角化できる．左側の S^{-1} が実は ${}^tS$ であることが大変重要である．　終り

行列の対角化，特にエルミート行列のユニタリ行列による対角化は，解析学の言葉によれば，自己共役作用素のスペクトル分解ということになり，すすんだ解析学の中心的テーマの一つである．

2　行列の指数

指数関数は，実数でも複素数でも非常に基本的で，かつ多くの応用をもっていた．

実は，正方行列に対しても指数とか指数関数を考えることができ，色々な分野，特に微分方程式などで，非常に役にたつのである．考え方は，以前，指数関数を複素数まで拡張したようにすればよい．すなわち，全ての複素数 x に対して，

行列の無限級数

$$e^x=\sum_{n=0}^{\infty}\frac{x^n}{n!}$$

が成立していた．左辺の意味付けは色々と厄介であるが，右辺のほうは，掛け算，足し算，数列の極限しか，からんでいない．そこで，m 行 m 列の正方行列 A に対して，

$$e^A=\sum_{n=0}^{\infty}\frac{A^n}{n!}$$

によって，行列の指数を定義しよう．ただし，右辺を考えるときに一つ問題がある．右辺は行列の級数なのだから，行列の極限とは何かを論じておかなければならない．

$B_n=\sum_{k=0}^{n}\frac{A^n}{n!}$ とおく．B_n はやはり m 行 m 列の行列である．さて，B_n の ij 成分を $b_{ij}{}^n$ とかくことにする．もし全ての i，j に対して，

$$\lim_{n\to\infty}b_{ij}{}^n=b_{ij}$$

が成立しているならば，$B=(b_{ij})$ と置いて，これを右辺とする．

定 理　全ての m 次正方行列 A に対して，行列の指数が存在する．

解 説　$b_{ij}{}^n$ を具体的に計算して収束することを示すのは，非常に大変なことである．どの道収束先はすぐにはわからないので，有界な正項級数が収束するという定理を使うことになる．すなわち，n を一つ固定するごと

に，正の数 M_n が存在し，

$$\forall i,\ j \qquad |b_{ij}{}^n| \leq \sum_{k=1}^{n} M_k$$

$$\sum_{n=0}^{\infty} M_n < \infty$$

となることが示されればよい．前にも出たが，これは優級数の方法である．この M_n の取り方を説明する前に，m 行 m 列の行列 $C=(c_{ij})$ に対して，

$M_n(\boldsymbol{c})$ をユークリッド空間にするような内積

$$\|C\| = \sqrt{\sum_{i,j=1}^{n} c_{ij}{}^2}$$

という 0 以上の数を対応させることができる．これを C のヒルベルト・シュミットノルムなどという．$M_n = \dfrac{\|A^n\|}{n!}$ とすれば上のことが満たされる．

第一の式は，定義から明らかである．第 2 の式を考える．

$\|AB\| \leq \|A\|\|B\|$ となることを示す．A の行ベクトル表示を ${}^t({}^t\boldsymbol{a}_1,\ {}^t\boldsymbol{a}_2,\ \cdots,\ \boldsymbol{a}_n)$，$B$ の列ベクトル表示を $(\boldsymbol{b}_1,\ \boldsymbol{b}_2,\ \cdots,\ \boldsymbol{b}_n)$ とする．AB の i，j 成分は，${}^t\boldsymbol{a}_i \cdot \boldsymbol{b}_j$ である．$\|A\|^2 = \sum_{i=1}^{n} \|\boldsymbol{a}_i\|^2$，$\|B\|^2 = \sum_{j=1}^{n} \|\boldsymbol{b}_j\|^2$ に注意して，

シュワルツの不等式

$$\begin{aligned} &\sum_{i,j=1}^{n} |{}^t\boldsymbol{a}_i \boldsymbol{b}_j|^2 \\ &\leq \sum_{i,j=1}^{n} \|\boldsymbol{a}_i\|^2 \|\boldsymbol{b}_j\|^2 \\ &= \sum_{i=1}^{n} \|\boldsymbol{a}_i\|^2 \sum_{j=1}^{n} \|\boldsymbol{b}_j\|^2 \end{aligned}$$

従って，

$$M_n = \frac{\|A^n\|}{n!} \leq \frac{\|A\|^n}{n!}$$

が従い，指数関数のマクローリン展開が常に収束することから，下の式も導かれる．　終り

実数 t に対して e^{tA} を対応させる写像を A によって決まる行列の指数関数という．

行列 A の各成分 a_{ij} が t の関数になっているとする．

そのとき，行列のAのtに関する導関数$\dfrac{dA}{dt}$を，$\dfrac{da_{ij}}{dt}$をij成分として並べて作った行列としよう．さて，行列の指数についての簡単な性質を述べよう．

例題 4　Aをm行m列の行列，Uを同じ型の正則行列とするとき，次の式が成立する．

行列の積は非可換であることに注意

(1)　$e^{UAU^{-1}}=Ue^{A}U^{-1}$

(2)　$\dfrac{de^{tA}}{dt}=Ae^{tA}$

解説　(1)を示す．

$$e^{UAU^{-1}}=\sum_{n=0}^{\infty}\frac{(UAU^{-1})^n}{n!}$$
$$=U\sum_{n=0}^{\infty}\frac{A^n}{n!}U^{-1}$$

よりわかる．

(2)を示す．

$$e^{tA}=\sum_{n=0}^{\infty}t^n\frac{A^n}{n!}$$

で各項が，スカラーt^n倍になっていることから，項別に微分するときは，t^nだけを微分すればよいことがわかる．上の定理から行列の成分は絶対収束しているので，

$$\frac{de^{tA}}{dt}=\sum_{n=1}^{\infty}t^{n-1}\frac{A^n}{(n-1)!}$$
$$=Ae^{tA}$$

となることがわかる．　終り

定数を係数とする線型連立微分方程式を考えてみよう．

$$\begin{cases}\dfrac{dx}{dt}=ax+by\\[2mm]\dfrac{dy}{dt}=cx+dy\end{cases}$$

などである．実は，この方程式は一変数の 2 階微分方程式に変えることができ，前の章で扱ったが，ここでは 1 階のまま，線型代数的に扱うとしよう．これは，次のように行列を用いて表すことができる．

すなわち，

$$\boldsymbol{x}=\begin{pmatrix} x \\ y \end{pmatrix},\ \frac{d\boldsymbol{x}}{dt}=\begin{pmatrix} \dfrac{dx}{dt} \\ \dfrac{dy}{dt} \end{pmatrix},\ A=\begin{pmatrix} a & b \\ c & d \end{pmatrix}$$

と置くことにより，

簡単そう

$$\frac{d\boldsymbol{x}}{dt}=A\boldsymbol{x}$$

と表すことができる．

このような微分方程式を統一的に調べるために行列の指数関数が非常に役にたつのは，例題 4 の(2)による．すなわち，変数を t とし，t の関数 x_1，x_2，…，x_n に関する次の微分方程式を考える．

$$\begin{cases} \dfrac{dx_1}{dt}=a_{11}x_1+a_{12}x_2+\cdots+a_{1n}x_n \\ \dfrac{dx_2}{dt}=a_{21}x_2+a_{22}x_2+\cdots+a_{2n}x_n \\ \quad\vdots\ = \qquad\qquad \vdots \\ \dfrac{dx_n}{dt}=a_{n1}x_1+a_{n2}x_2+\cdots+a_{nn}x_n \end{cases}$$

これを，定係数 1 階線型連立微分方程式などとよぶ．

以前に出てきた，定係数線型微分方程式，

$$y^{(n)}+a_{n-1}y^{(n-1)}+\cdots a_1y'+a_0y=0$$

を考える．ここでは，変数を t とする．実は，次のように新しい関数 x_1，x_2，…，x_n を導入することによって，上のかたちの微分方程式と考えることができるのである．

$$x_1=y,\ x_2=y',\ x_3=y'',\ \cdots,\ x_n=y^{(n-1)}$$

どちらが扱いやすいかは，もちろん場合による．

上の形は，線型連立方程式と似ていることに気づかれたであろう．そこで，

$$A=\begin{pmatrix} a_{11} & a_{21} & \cdots & a_{1n} \\ a_{21} & a_{22} & \cdots & a_{2n} \\ \vdots & \vdots & \ddots & \vdots \\ a_{n1} & \cdots & \cdots & a_{nn} \end{pmatrix} \qquad \boldsymbol{x}=\begin{pmatrix} x_1 \\ x_2 \\ \vdots \\ x_n \end{pmatrix}$$

と置いて，上の微分方程式は

$$\frac{d\boldsymbol{x}}{dt}=A\boldsymbol{x}$$

と表すことができる．これは，縦ベクトル $\boldsymbol{x}$ と行列Aによってかかれているが，よく知っている微分方程式 $\dfrac{dx}{dt}=ax$ とよく似ている．$t=0$ の時の初期値を

$$\boldsymbol{x}_0=\begin{pmatrix} {x_1}^0 \\ {x_2}^0 \\ \vdots \\ {x_n}^0 \end{pmatrix}$$

として，解をおなじようにかくと次のようになる．

本当に簡単！

$$\boldsymbol{x}=e^{tA}\boldsymbol{x}_0$$

実際，右辺を t に関して微分してみると，$\boldsymbol{x}_0$ が t に無関係な定数ベクトルであることから，上の例題から行列Aが前にかかることになる．また，$t=0$ と置いてみると初期条件を当然のように満たしている．

従って，まず，解の存在がいきなり言えてしまった．次に，解がこのようなものに限ることも示しておこう．

右辺が e でなくてもこの方法で解ける

一変数の場合と同様に，$\boldsymbol{x}$ のかわりに，$\boldsymbol{y}=e^{-tA}\boldsymbol{x}$ とおいて，新しい関数 $\boldsymbol{y}$ を定義すると，$\boldsymbol{x}$ に関する微分方程式は，$\boldsymbol{y}$ に関する微分方程式

$$\frac{d\boldsymbol{y}}{dt}=0$$

になる．これは，$\boldsymbol{y}$ の各成分が定数ということであるから，初期条件のベクトルに一致する．従って，一意性がいえた．行列の指数関数を使わなくては，これほど見通しの良い証明はむずかしい．

以上は理論的な話であるが，計算の役にたたないと面白くないであろう．それには，上の例題の(1)が使われる．簡単のため，A の固有値は全て異なると仮定する．そうすると，前の節の話により，A は対角化することができる．すなわち，正則行列Uをうまく取り，

対角化できればよい

$$A=U^{-1}\begin{pmatrix}\lambda_1 & 0 & \cdots & 0\\ 0 & \lambda_2 & \cdots & 0\\ \vdots & \vdots & \ddots & 0\\ 0 & 0 & \cdots & \lambda_n\end{pmatrix}U$$

とすることができる．Uに挟まれた対角行列をDと置く．対角行列の n 乗は成分の n 乗を並べたものであるから，

対角行列は，数の状況とほとんど同じ

$$e^{tD}=\begin{pmatrix}e^{\lambda_1 t} & 0 & \cdots & 0\\ 0 & e^{\lambda_2 t} & \cdots & 0\\ \vdots & \vdots & \ddots & 0\\ 0 & 0 & \cdots & e^{\lambda_n t}\end{pmatrix}$$

従って，

$$\boldsymbol{x}=U\begin{pmatrix}e^{\lambda_1 t} & 0 & \cdots & 0\\ 0 & e^{\lambda_2 t} & \cdots & 0\\ \vdots & \vdots & \ddots & 0\\ 0 & 0 & \cdots & e^{\lambda_n t}\end{pmatrix}U^{-1}\boldsymbol{x}_0$$

として，解を得る．

例題 5　**例題 1** の行列Aの指数関数 e^{tA} を求めよ．

解説　**例題 1** によって，行列Aは行列Pによって対角されているので，上の説明より，

$$e^{tA}=P^{-1}\begin{pmatrix} e^t & 0 & 0 \\ 0 & e^{2t} & 0 \\ 0 & 0 & e^{-t} \end{pmatrix}P$$

$$=\begin{pmatrix} -3e^{-t}+e^t+3e^{2t} & 4e^{-t}-e^t-3e^{2t} & 3e^{-t}+3e^{2t} \\ -3e^{-t}+3e^{2t} & 4e^{-t}-3e^{2t} & 3e^{-t}+3e^{2t} \\ e^t-e^{2t} & -e^t+e^{2t} & -e^{2t} \end{pmatrix}$$

終り

ジョルダンの標準型

うまく対角化できない場合については，詳細は省略する．この場合にも，ジョルダンの標準型を用いるか，下の例題の解説の中で述べるように対角行列とべき零行列の和に分解して指数を求めることができる．一つだけ，対角化できない行列の指数を計算する例題を上げておこう．もっと一般の場合は，これから推察できるはずである．

例 題 6

上三角行列

$$A=\begin{pmatrix} 2 & 1 \\ 0 & 2 \end{pmatrix}$$

この行列の e^{tA} を求めよ．

解 説 成分ごとに計算しても良いが，次のように考えると，一般の場合に応用がきく．

$$A=2I+N \qquad N=\begin{pmatrix} 0 & 1 \\ 0 & 0 \end{pmatrix}$$

と書くことができる．ここで，$N^2=O$ である．このような行列Nのことをべき零行列という．2項定理を用いると，この性質から，

$$A^n=2^nI+n\cdot 2^{n-1}N$$

となることがわかる．これによって，

$$e^{tA}=\begin{pmatrix} e^{2t} & te^{2t} \\ 0 & e^{2t} \end{pmatrix}$$

となることがわかる． 終り

ジョルダンの標準型というのは，もっと大きいサイズのこのようなブロックを積み重ねたものである．従って，それの指数がわかれば，一般の行列の指数は計算することができる．

3　二次形式の符号

二次形式とは，n 個の変数 x_1，x_2，…，x_n の関数で，

$$\sum_{i,j=1}^{n} a_{ij}x_i x_j$$

の形に表されるものである．ここで，a_{ij} $(i, j=1 \cdots n)$ は定数である．$a_{ij}=a_{ji}$ であるとしておいてよいので，常にそうする．x，y の 2 変数の二次形式はよく知っているものであり，$ax^2+2bxy+cy^2$ の形である．しばしば，2 変数の関数の符号が問題になる．簡単のため，$a \neq 0$ としよう．

y を定数とみて計算する

$$ax^2+2bxy+cy^2=a\left(x+\frac{by}{a}\right)^2+\frac{4ac-b^2}{a}y^2$$

と変形できる．

従って，$a>0$, $4ac-b^2>0$ のとき，0 以上で，(0, 0) のみで，0 となる．$a<0$, $4ac-b^2$ のときは，0 以下で，(0, 0) のみで，0 となる．$4ac-b^2<0$ のときは，(0, 0) の近くで，正にも負にもなる．

以上は，高校の数学 I に出てくるようなことだが，2 変数関数の極値問題において重要であった．以前は 2 次曲線の分類として扱われていた．

楕円，双曲線，放物線

二次形式の話は，このようなことを変数が多くなったときに考えようというものである．2 変数の議論は，2 変数の特殊性にいささか寄り掛かっていて，どのように一般化してよいか，よくわからない．特に，$a=0$ の場合などを細かく場合わけして考えていくと大変である．

そこで，全く考え方を変えることにする．2 変数の場合に，行列 A，縦ベクトル x を

$$A=\begin{pmatrix} a & b \\ b & c \end{pmatrix} \qquad \boldsymbol{x}=\begin{pmatrix} x \\ y \end{pmatrix}$$

によって定義する．Aは対称行列で，

$$ax^2+2bxy+cy^2={}^t\boldsymbol{x}A\boldsymbol{x}$$

と，最初の二次式を表すことができる．

だから同じように，変数がn個になった場合も，対称行列Aと縦ベクトル$\boldsymbol{x}$を

$$A=\begin{pmatrix} a_{11} & a_{12} & \cdots & a_{1n} \\ a_{21} & a_{22} & \cdots & a_{2n} \\ \vdots & \vdots & \ddots & \vdots \\ a_{n1} & a_{n2} & \cdots & a_{nn} \end{pmatrix} \qquad \boldsymbol{x}=\begin{pmatrix} x_1 \\ x_2 \\ \vdots \\ x_n \end{pmatrix}$$

によって定義して，やはりおなじように最初の二次形式を

きれいである

$${}^t\boldsymbol{x}A\boldsymbol{x}$$

と表すことができる．従って，二次形式を調べることは，対称行列Aを調べることになる．

どのように調べるかをみるために，もう一度2変数の場合に戻ってみよう．問題を単純にするため，$a>0$, $4ac-b^2=D>0$ とする．

$$u=\sqrt{a}\left(x+\frac{by}{a}\right) \qquad v=\frac{\sqrt{D}}{a}y$$

とおくと，u^2+v^2 となる．すなわち，元の変数を適当に一次変換で別の変数に変えてやると，非常に簡単な二次形式に変形できる．この変換を行列Sによって，

$$\boldsymbol{u}=\begin{pmatrix} u \\ v \end{pmatrix}=S^{-1}\begin{pmatrix} x \\ y \end{pmatrix}$$

によって表すと，元の二次形式は，

$${}^t\boldsymbol{x}A\boldsymbol{x}={}^t\boldsymbol{u}{}^tSAS\boldsymbol{u}$$

変数は変わっている

となる．よって，対称行列 ${}^tSAS$ を考えればよいことになる．

n 変数の場合も全くおなじように，n 次正方行列 S で変数変換することによって，${}^tSAS$ をかわりに考えればよいことになる．ただし，これは普通の意味での基底の変換による行列の変形ではないので厄介である．

ところが，前の節で触れたように，実対称行列は，直交行列で対角化できるのであった．S が直交行列であるとは，${}^tS=S^{-1}$ ということであるから，上の二次形式を表す行列の変換は $S^{-1}AS$ となり，うまい直交行列 S を選んで A を対角行列に変換できることになる．実対称行列の固有値は全て実数であるから，正の固有値を $\{\lambda_1, \lambda_2, \cdots, \lambda_i\}$ 負の固有値を $\{-\lambda_{i+1}, -\lambda_{i+2}, \cdots, -\lambda_{i+k}\}$ と置く．$i+k\leq n$ である．A が退化していなければ $u+k=n$ である．従って，

$$\begin{pmatrix} u_1 \\ u_2 \\ \vdots \\ u_n \end{pmatrix} = S^{-1} \begin{pmatrix} x_1 \\ x_2 \\ \vdots \\ x_n \end{pmatrix}$$

と置いて，元の二次形式は

S をとりかえて $\lambda_p=1$ とすることもできる

$$\sum_{p=1}^{i} \lambda_p x_p{}^2 - \sum_{p=i+1}^{i+1} \lambda_p x_p{}^2$$

となることがわかる．この二次形式の挙動は，0 以上の整数の組 (i, k) によって決定される．特に A が非退化なときは，$i-k$ をこの二次形式の符号数とよぶ．

以上は，二次形式の標準型の話の触りだが，これは，多変数の極値問題に使われるのである．x_1, x_2, $\cdots$, x_n を変数とし，これらの関数 $f(x_1, x_2, \cdots, x_n)$ を考える．ここで，f は C^2（2 階偏導関数全てが連続）であると仮定する．そうでないと，統一的に扱うことはできない．

f が $(x_1, x_2, \cdots, x_n)=(a_1, a_2, \cdots, a_n)$ で極値をもつとすれば，2 変数の場合と同じく，$\dfrac{\partial f}{\partial x_i}(a_1, a_2, \cdots, a_n)=0$ $(i=1, \cdots, n)$ である．これにどのような条件を付ければ極値の存在を保証できるかを，考える．

f の $(a_1, a_2, \cdots, a_n)$ におけるテイラーの定理で，$n=2$ の場合を考えると，

2次式による近似

$$f(x_1, x_2, \cdots, x_n)$$
$$=f(a_1, a_2, \cdots, a_n)+\sum_{i=1}^{n}\frac{\partial f}{\partial x_i}(a_1, a_2, \cdots, a_n)(x_i-a_i)$$
$$+\sum_{i,j=1}^{n}\frac{\partial^2 f}{\partial x_i \partial x_j}(a_1+\theta(x_1-a_1), a_2+\theta(x_2-a_2), \cdots, a_n+\theta(x_n-a_n))(x_i-a_i)(x_j-a_j)$$

となる．1階偏導関数は全て0なので，$(x_1, \cdots, x_n)$ が $(a_1, \cdots, x_n)$ に非常に近いところで考えると，f の値は，ほとんど

$$\sum_{i,j=1}^{n}\frac{\partial^2 f}{\partial x_i \partial x_j}(a_1, a_2, \cdots, a_n)(x_i-a_i)(x_j-a_j)$$

に等しくなる．従って，極値になっているかどうかを調べるためには，この x_i-a_i $(i=1, \cdots, n)$ に関する二次形式を調べることになる．そこで，これらを並べた行列，

実対称行列

$$\begin{pmatrix} f_{11} & f_{12} & \cdots & f_{1n} \\ f_{21} & f_{22} & \cdots & f_{2n} \\ \vdots & \vdots & \ddots & \vdots \\ f_{n1} & f_{n2} & \cdots & f_{nn} \end{pmatrix}$$

のことを，ヘッシアン（ヘッセ行列）という．二次形式に関する考察から次の定理がわかる．

定理　C^2 級の n 変数の関数 f が $(a_1, \cdots, a_n)$ において全ての一階偏導関数が0であるとする．もし，f のヘッシアンの固有値が全て正であれば，ここで極小値，全て負であれば，ここで極大値をそれぞれ取る．正の固有値と負の固有値を合せもっているとここで決して極値を取らない．0が固有値に入っていると，この方法では，判定できない．

より高次の無限小が問題になる

ここで，3変数の極値問題を一つ入れておこう．ただし，多変数で極値問題を作ってうまく解けるようにするのはなかなか骨のおれることである．だから，勉強しよ

うにもほとんど適当な問題がないのである．

例 題 7　次の x，y，z の関数 $f(x, y, z)$ が極値を取るような (x, y, z) の値を求めよ．

$$f(x,y,z)=(x-y+z)e^{-x^2-y^2-z^2}$$

解 説　簡単のため，$g=e^{-x^2-y^2-z^2}$ とおこう．

$$f_x=\{1-2x(x-y+z)\}g$$
$$f_y=\{-1-2y(x-y+z)\}g$$
$$f_z=\{1-2z(x-y+z)\}g$$

となる．$g>0$ であることより，極値の候補は容易に求まる．すなわち，

$$(x, y, z)=\left(\frac{1}{\sqrt{6}}, -\frac{1}{\sqrt{6}}, \frac{1}{\sqrt{6}}\right), \left(-\frac{1}{\sqrt{6}}, \frac{1}{\sqrt{6}}, -\frac{1}{\sqrt{6}}\right)$$

である．これらに対して十分条件を検証する．

ヘッシアンは一般の (x, y, z) に対して計算するとややこしいが，上の値にたいしてだけ計算するのは楽である．$p=1-2x(x-y+z)$ などと置いてやると，上の候補で，$p=0$ となっている．

計算の簡略化

特に $(x,y,z)=\left(\frac{1}{\sqrt{6}}, -\frac{1}{\sqrt{6}}, \frac{1}{\sqrt{6}}\right)$ のとき，ヘッシアンは

$$-\frac{2e^{-1/3}}{\sqrt{6}}\begin{pmatrix} 4 & 1 & 1 \\ 1 & 4 & 1 \\ 1 & 1 & 4 \end{pmatrix}$$

である．この行列の前の定数を無視すると，固有多項式は $-(t-3)^2(t-6)$ であり，固有値は 3，3，6 で対応する二次形式は正定値である．

従って，この時 f は極大になる．逆に $(x,y,z)=\left(-\frac{1}{\sqrt{6}}, \frac{1}{\sqrt{6}}, -\frac{1}{\sqrt{6}}\right)$ の時には極小になる．　　終り

3 変数だとまずグラフはかけないので，コンピュータでかいて観察するというわけにも行かないだろう．

第 6 章で出てきたラグランジュの未定乗数法の **問 6.4** を二次形式を使って説明してみよう．ついでに変数ももっと増やしてみよう．次のような問題になる．ただし，$\boldsymbol{x}={}^t(x_1, x_2, \cdots, x_n)$ に対して，$\|\boldsymbol{x}\|=\sqrt{\langle \boldsymbol{x}, \boldsymbol{x}\rangle}$ と置く．

極値全部もできる

問 6.3 では極値全体を求めているが，それはややこしいので，ここでは最大値と最小値に限定する．

例題 8　Aを実対称行列，$\boldsymbol{x}={}^t(x_1, x_2, \cdots, x_n)$ として $\langle A\boldsymbol{x}, x\rangle=1$ の条件の元で，$\|x\|$ の最大値と最小値を求めよ．ただし，前の問題についていた条件は，Aの固有値が全て正であるという条件になる．

解説　考えているのは二次形式で，Aは実対称行列だから，Aを直交行列によって対角化することができる．これは，Aの固有ベクトルによって $\boldsymbol{R}^n$ の正規直交基底が取れることを意味した．Aの固有値を，重複度を込めて，大きい順に並べ，λ_1，λ_2，$\cdots$，λ_n とする．条件から，$\lambda_n>0$ である．そこで，

$$\boldsymbol{x}=\sum_{i=1}^{n}\boldsymbol{x}_i$$

ただし，$\boldsymbol{x}_i$ は λ_i に対応する固有ベクトルとする．そうすると，問題は次の形に変形される．

$$\sum_{i=1}^{n}\lambda_i\|\boldsymbol{x}_i\|^2=1$$

の条件式の元で，

問題が単純化された

$$\|\boldsymbol{x}\|^2=\sum_{i=1}^{n}\|\boldsymbol{x}_i\|^2$$

の最大最小を求める．

このままではやりにくいので，$\boldsymbol{y}_i=(\lambda_i)^{\frac{1}{2}}\boldsymbol{x}_i$ と置き換えると，条件式は，$\sum_{i=1}^{n}\|\boldsymbol{y}_i\|^2=1$，関数の方は，$\sum_{i=1}^{n}\lambda_i^{-1}\|\boldsymbol{y}_i\|^2$ に変わる．各々の，$\boldsymbol{y}_i$ の変動の自由度は，スカラー倍だけである．

従って，$\|\boldsymbol{y}_1\|=1$，$\boldsymbol{y}_i=0$ $(i=2,\ \cdots,\ n)$ のときに最小

値 λ_1^{-1} を取り，$\|\boldsymbol{y}_n\|=1$，$\boldsymbol{y}_i=0$ $(i=1, \cdots, n-1)$ のときに最大値 $(\lambda_n)^{-1}$ を取ることが直ちにわかる． 終り

よくよく注意して見れば，**問 6.3** の解答は，上のようなことをやっている．

さらに，次のような問題も考えられ，同じように解ける．

$\|\boldsymbol{x}\|=1$ の条件の元で，$\langle A\boldsymbol{x}, \boldsymbol{x}\rangle$ の最大値最小値を求めよ．

こちらの方が考えやすい

さらには，条件式の方も $\langle B\boldsymbol{x}, \boldsymbol{x}\rangle=1$ として良い．ただし，最大値をうまく持つためには，B が正定値であることが必要となる．

4 直交多項式

以前の章で，ルジャンドル多項式や，エルミート多項式のある内積に関する直交性の問題があった．その部分の説明では，なぜこれらの多項式の族が互に直交しているかの積極的な理由が明確でない．そこで，この問題も線型代数的（もはや，これは関数解析的であるが）に扱ってみたいと思う．

さて，ここで，n 次以下の多項式全体からなるベクトル空間を V とする．この空間に

係数は実数にしておく

$$\langle f, g\rangle=\int_{-1}^{1} f(x)g(x)dx$$

によって内積を入れると，ユークリッド空間になる．**第8章**で取り上げた問題を別の観点から取り上げる．

例 題 9 ルジャンドル多項式 P_0，P_1，$\cdots$，P_n は V の中で，直交系をなすことを示せ．

基底にもなっている

解 説 ここでは微分方程式から出発する．ルジャンドル多項式 $P_k(x)$ は

$$(1-x^2)\frac{d^2y}{dx^2}-2x\frac{dy}{dx}+k(k+1)y=0$$

の唯一の多項式の解である．そこで，$f\in V$ に対して，$(1-x^2)\dfrac{d^2f}{dx^2}-2x\dfrac{df}{dx}$ を対応させる写像を考え，これを A とかく．A は V 上の線型変換となる．

上の微分方程式を良く見ると，ルジャンドル多項式 P_k は A の固有ベクトルで，固有値が $-k(k+1)$ に対応するものであることがわかる．ここで，$k\neq l$ ならば，$-k(k+1)\neq -l(l+1)$ であることに注意．

次に，A が実対称行列で表現されることを示す．

$$Af=\left\{(1-x^2)\frac{d}{dx}\right\}^2 f$$

であることに注意．

$$\begin{aligned}\langle Af, g\rangle &= \int_{-1}^{1}\left\{(1-x^2)\frac{d}{dx}\right\}^2 f(x)g(x)dx\\ &=\left[\frac{d}{dx}\{(1-x^2)f(x)\}(1-x^2)g(x)\right]_{-1}^{1}\\ &\quad -\int_{-1}^{1}\frac{d}{dx}\{(1-x^2)f(x)\}\frac{d}{dx}\{(1-x^2)g(x)\}dx\end{aligned}$$

である．部分積分したときの第一項は $x=\pm 1$ で消える．第二項を見ると，完全に f, g に関して対称な式になっているので，$\langle Af, g\rangle=\langle f, Ag\rangle$ となることがわかる．

A を行列表現してもわかる

ルジャンドル多項式，P_1，P_2，…，P_n は，実対称行列で表現される線型変換 A の異なる固有値に属する固有ベクトルだから，この内積に関して，直交しなければならない．

終り

ただし，これらのベクトルのノルムの計算は，直接やるしか無いようである．

従って，微分方程式が実対称行列（エルミート行列）の固有値問題と見ることができるような場合には，解の直交性がこの議論から従うことになる．エルミート多項式，

良く出てくる

$$H_k(x)=(-1)^k\exp\left(-\frac{1}{2}x^2\right)\frac{d^n}{dx^n}\exp\left(\frac{1}{2}x^2\right)$$

も考えると，

$$\frac{d^2y}{dx^2}-x\frac{dy}{dx}+ky=0$$

を満たしていることがわかる．この場合には，ルジャンドルの方程式のように，対称性はすぐには見て取れない．

$y=\exp\left(\frac{1}{2}x^2\right)z$ と置いて代入すると，

$$\frac{d^2z}{dx^2}+\frac{x^2}{4}z=-kz$$

となる．従って，

$$Af=\frac{d^2f}{dx^2}+\frac{x^2}{4}f$$

とすると，大体対称である．しかし $[-1, 1]$ 等の有限区間では部分積分の第一項が消えない．

そこで，Wをn次以下の多項式と $\exp\left(-\frac{1}{2}x^2\right)$ の積を要素とするベクトル空間とし，ここに，

収束する

$$\langle f, g\rangle_0=\int_{-\infty}^{\infty}f(x)g(x)dx$$

によって，内積を与えてユークリッド空間と考える．そうすると

$$\langle Af, g\rangle_0=\langle f, Ag\rangle_0$$

が直ちにわかる．従って，同じ理由で，$H_k(x)\exp\left(-\frac{1}{2}x^2\right)$ $(k=1, \cdots, n)$ は上の内積に関して互に直交する．これを言換えると，H_kがn次以下の多項式の成すベクトル空間に

内積がかわる

$$\langle f, g\rangle_1=\int_{-\infty}^{\infty}\exp\left(-x^2\right)f(x)g(x)dx$$

によって内積を入れたときの直交系を成すことがわかる．

例え $\boldsymbol{R}^n$ と同型なベクトル空間といえども，微分方程式に，さらには，線型変換に適合した内積を入れて議論を進めて行くところが興味深い．この手法は，解析の諸問題に線型代数（または関数解析）を応用する際に頻繁に用いられる．

さらに，多項式による最小 2 乗近似の問題について．必ずしも多項式でない関数を多項式で近似しようとするとき，どのような距離を考えるかという問題がある．ここでは，有界閉区間 $[-1,1]$ で考える．f，g を連続関数とする．

この距離が最も簡単

$$d(f,g)=\int_{-1}^{1}|f(x)-g(x)|^2dx$$

によって f と g の距離とする．この距離がなるべく小さくなるように近似を行ない，最小 2 乗近似と言う．ルジャンドル多項式 $P_k(x)$ に対して，

$$Q_k(x)=\sqrt{\frac{k+1}{2}}P_k(x)$$

とする．

例題 10　$[-1,1]$ における連続関数 $f(x)$ に対して，

Q_k 方向の成分

$$c_k=\int_{-1}^{1}f(x)Q_k(x)dx \qquad (k=0,\ \cdots,\ n)$$

によって，定数 c_0，…，c_n を定める．さらに

$$f_n(x)=\sum_{k=0}^{n}c_kQ_k(x)$$

とおく．そのとき，任意の n 次以下の多項式 $g(x)$ に対して，

$$d(f,g)\geq d(f,f_n)$$

となることを示せ．

解説　**例題 5** と同じ内積の記号を用いる．さらに，$\|f\|=\langle f,f\rangle^{\frac{1}{2}}$ と置く．また，$\langle f,g\rangle=0$ ならば $\|f+g\|^2=\|f\|^2+\|g\|^2$ ともなる．

$h(x)=f(x)-f_n(x)$ と置く．

$\{Q_0(x), \cdots, Q_n(x)\}$ は，n 次以下の多項式の空間の基底であることに注意.

i=k のところだけ残る

$$\langle h, Q_k\rangle = \langle f, Q_k\rangle - \sum_{i=1}^{n}\langle f, Q_i\rangle\langle Q_i, Q_k\rangle$$
$$= \langle f, Q_k\rangle - \langle f, Q_k\rangle = 0$$

が $k=0, \cdots, n$ に対して成立する. 次のように置く.

$$g(x) = \sum_{i=1}^{n} dQ_i(x)$$

このとき，上のことから，$\langle h, g\rangle = 0$ となる.

$f-f_n \perp f_n-g$

$$\begin{aligned}&\int_{-1}^{1}\|f(x)-g(x)\|^2dx\\&=\|f-g\|^2\\&=\|(f-f_n)+(f_n-g)\|^2\\&=\|h\|^2+\|f_n-g\|^2\end{aligned}$$

第一項は，g に無関係だから，$g=f_n$ のときに最小値を取ることがわかる.　終り

この例題は，最小 2 乗近似を与える多項式を具体的に求める計算法も与えている. フーリエ級数論においても，このような議論が有効に使われることになる.

5　写像の線型近似

行列にかくとわかりやすい

多変数の関数について微積分を行なうとき，線型でない写像の線型写像による近似を考えることが，合成関数の微分公式などを理解するためのポイントであった. これについては，**第 6 章**を参照.

この話の続きとして，線型代数がわかっていないと理解に苦しむテーマとして，最後に陰関数定理の周辺をみてみよう. 陰関数定理も，$f(x, y)=0$ の形のものを扱っているぐらいならば，線型代数なしでも何とかなるのだが，変数の数，方程式の数が増えてくると，なかなか厄介となる.

すなわち，x_1，x_2，…，x_n，y_1，…，y_m を変数とし，これらの方程式，

$$\begin{aligned} f_1(x_1,\ \cdots,\ x_n,\ y_1,\ \cdots,\ y_m) &= 0 \\ f_2(x_1,\ \cdots,\ x_n,\ y_1,\ \cdots,\ y_m) &= 0 \\ \vdots \qquad\qquad & = \vdots \\ f_m(x_1,\ \cdots,\ x_n,\ y_1,\ \cdots,\ y_m) &= 0 \end{aligned}$$

を考える．y_1，…，y_m を x_1，…，x_n の関数として考えることになる．関数と式の数が折合っているのはよいのだが，グラフ上のある点（$x_1{}^0$，…，$x_n{}^0$，$y_1{}^0$，…，$y_m{}^0$）でちゃんと陰関数定理が使えるためには，$(f_i)_{y_j}$ を成分に持つような行列の階数がちょうど m であるという条件が必要である．これも，上とおなじように考えれば，方程式を（$x_1{}^0$，…，$x_n{}^0$，$y_1{}^0$，…，$y_m{}^0$）において，線型な式で近似してできた方程式が，

$f_1, \cdots, f_n$ が一次式の場合に考えてみよう

$$\sum_{k=i}^{n}\frac{\partial f_i}{\partial x_k}(x_k-x_k{}^0)+\sum_{j=1}^{n}\frac{\partial f_i}{\partial y_j}(y_j-y_j{}^0)=0 \quad (i=1,\ \cdots,\ m)$$

実は，線型代数の最初の方に出てくる線型連立方程式であり，未知変数が y_1，…，y_m であり，係数行列が上の行列になることによる．

偏導関数 $\dfrac{\partial y_j}{\partial x_k}$ を求めようとすれば，上の線型連立方程式を逆行列を使って解き，$y_j=\cdots$ の式に出てくる x_k の係数がこれにあたる．従って，

$$\frac{\partial y_j}{\partial x_k}=-\left(\frac{\partial(f_1,\ f_2,\ \cdots,\ f_m)}{\partial(y_1,\ y_2,\ \cdots,\ y_m)}\right)^{-1}\frac{\partial(f_1,\ f_2,\ \cdots,\ f_j,\ \cdots,\ f_m)}{\partial(y_1,\ y_2,\ \cdots,\ x_j,\ \cdots,\ y_m)}$$

となる．これは連立方程式のクラメールの解法を適用したものである．シグマ記号の羅列でわかりにくいのだが，線型写像で近似したあとは，全くの線型代数である．

記号もよくないかもしれない

陰関数定理の応用として，条件つき極値問題の，ラグランジュの未定乗数法というものがあって，計算法としては非常に便利なことは，以前変数を増やそう（続き）で述べた．もう詳しくは述べないが，これもでてくる写

像全てについて，局所的に線型近似を行なったあとは，線型代数として扱ってよいことになる．だから，変数が増えた場合など，線型代数を心得ていないと，理解も応用も難しくなる．

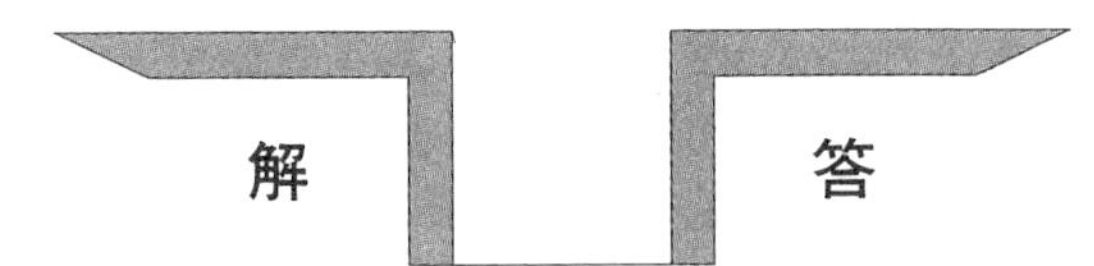

第 1 章

問 1.1 ドモアブルの公式によって解くと，

$$z=\cos\frac{2k\pi}{5}+i\sin\frac{2k\pi}{5}\quad (k=0,\ 1,\ 2,\ 3,\ 4)$$

である．$k=1$ の場合である．一方，因数分解して解くと，$k=1$ に該当するのは，

$$z+\frac{1}{z}=\frac{-1+\sqrt{5}}{2}$$

である．これの実数部分だけを求めて，$\cos\frac{2\pi}{5}=\frac{\sqrt{5}-1}{4}$

問 1.2 $(\cos\theta+i\sin\theta)^n$ を 2 項定理で展開して虚数部分を取る．

$$\sin n\theta={}_nC_1\sin\theta\cos^{n-1}\theta-{}_nC_3\sin^3\theta\cos^{n-3}\theta+\cdots+$$

となる．$\sin\theta$ でくくって，$\sin^2\theta$ の部分を $\cos\theta$ で書換える．

問 1.3 例題 3 で虚部を取ったところを実部を取る．

$$\frac{1-\cos x-\cos(n+1)x+\cos(n+1)x\cos x+\sin(n+1)x\sin x}{2(1-\cos x)}$$

$$=\frac{\sin\frac{x}{2}+\sin\left(n+\frac{1}{2}\right)}{2\sin\frac{x}{2}}$$

$$=\frac{\sin\frac{(n-1)x}{2}\cos\frac{nx}{2}}{\sin\frac{x}{2}}$$

問 1.4 (1) オイラーの公式を使う．

$$\left(\frac{e^{ix}+e^{-ix}}{2}\right)^n=\frac{1}{2^n}\sum_{k=0}^{n}\binom{n}{k}e^{(n-2k)ix}$$

右辺を n 回微分する．

$$\frac{1}{2^n}\sum_{k=0}^{n}\binom{n}{k}(n-2k)^n i^n e^{(n-2k)ix}$$

これで一応計算できているが，問題が実数の関数で与えられているので，実数の関数で答えておくべきであろう．そのためには，n の偶奇で場合わけが必要である．

$n=2m$ とする．この場合，$k=m$ にあたる項は消えていることに注意．

$$\frac{(-1)^m}{2^{2m-1}}\left\{\sum_{k=0}^{m-1}\binom{2m}{k}(2m-2k)^{2m}\cos(2m-2k)\right\}$$

$n=2m+1$ とする．この場合，定数項にあたる部分はない．

$$\frac{(-1)^m}{2^{2m}}\left\{\sum_{k=0}^{m}\binom{2m+1}{k}(2m+1-2k)^{2m+1}\sin(2m+1-2k)\right\}$$

(2)

$$\int\frac{e^{bx}\sin ax+e^{-bx}\sin ax}{2}dx$$

となる．例題 4 (1)の解説の虚数部分を取ることによって，

$$\int e^{bx}\sin ax\,dx=\frac{e^{bx}(-a\cos ax+b\sin ax)}{a^2+b^2}$$

である．これを用いて，

$$\frac{1}{2(a^2+b^2)}\left\{e^{bx}(-a\cos ax+b\sin ax)+e^{-bx}(a\cos ax-b\sin ax)\right\}$$

終り

問 1．5　固有多項式は，

$$t^3-2t^2+t-2=0$$

である．初期値と係数が皆実数なので，一般解は実数の定数A，B，Cを用いて，

$$a_n=A\cdot 2^n+B\cdot\cos\frac{n\pi}{2}+C\cdot\frac{n\pi}{2}$$

である．初期値からA，B，Cを決めて，

$$a_n=-\frac{2^n}{5}+\frac{1}{5}\cos\frac{n\pi}{2}+\frac{7}{5}\sin\frac{n\pi}{2}$$

終り

問 1．6

$$\int_{-\infty}^{\infty}e^{-x^2}\cos 2bx\,dx$$
$$=\int_{-\infty}^{\infty}e^{-x^2+2ibx}dx$$
$$=e^{-b^2}\int_{-\infty}^{\infty}e^{-(x-bi)^2}dx$$

である．最後の積分は，ガウス積分を bi だけ平行移動した形になっている．そこで，図のような積分路を考えて，$e^{-(z-bi)^2}$ を積分してみる．

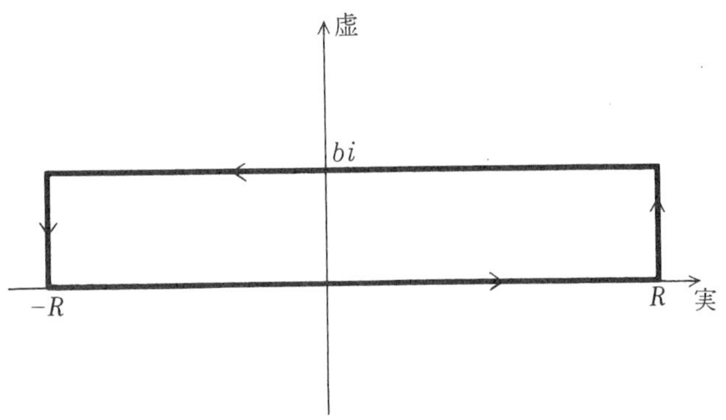

図 49　積分路

被積分関数は，正則だから，積分の値は 0 になる．そこで，$z=R+it$，$0\leq t\leq b$ での積分を考えると，

$$\int_0^b e^{-(R+i(t-bi))^2} i\,dt$$

となる．$R\to\infty$する．積分区間が有限で，被積分関数は t に関して一様に 0 に収束するので，この積分は 0 に収束する．従って，

$$\int_{-\infty}^{\infty} e^{-(x-bi)^2} dx$$

$$=\int_{-\infty}^{\infty} e^{-x^2} dx=\sqrt{\pi}$$

である．求める積分は，$\sqrt{\pi}e^{-b^2}$ である．これは，e^{-x^2} のフーリエ変換がやはり，同じ関数になることを意味している．　終り

第 2 章

問 2．1　直接解いても良いが，例題を使うと簡単になる．$a_n=c_n+\alpha$，$b_n=d_n+\beta$ と置き換える．$|a_n|\to 0$，$|b_n|\to 0$ となる．

$$\frac{a_1b_n+\cdots+a_nb_1}{n}-\alpha\beta$$

$$=\frac{(c_1+\alpha)(d_n+\beta)+\cdots+(c_n+\alpha)(d_1+\beta)}{n}-\alpha\beta$$

$$=\frac{c_1d_n+\cdots+c_nd_1}{n}+\frac{\alpha(d_n+\cdots+d_1)}{n}+\frac{\beta(c_1+\cdots+c_n)}{n}$$

である．第二項，第三項は，例題 1 によって 0 に収束する．第一項を評価する．

$$\left|\frac{c_1d_n+\cdots+c_nd_1}{n}\right|\leq M\frac{|c_1|+\cdots+|c_n|}{n}$$

である．ここで，$d_n \to 0$ より d_n は有界だから，$|d_n| \leq M$ とした．$|c_n| \to 0$ より，これもまた，0 に収束することになる．　終り

問 2．2　$\varepsilon > 0$ を一つ固定しておく．同等連続性の仮定により，正の δ を十分小さく取れば，全ての n に対して，

$$|f_n(x) - f_n(c)| < \varepsilon/3$$

とできる．$|x-c| < \delta$ とし，x も固定する．x，c に対して，十分大きい n をとれば，

$$|f(x) - f_n(x)| < \varepsilon/3 \qquad |f(c) - f_n(c)| < \varepsilon/3$$

とできる．

$$|f(x) - f(c)| \leq |f(x) - f_n(c)| + |f_n(x) - f_n(c)| + |f_n(c) - f(c)| < \varepsilon$$

となる．　終り

問 2．3　$a_n = \dfrac{n!}{n^n}$ とおく．

$$\begin{aligned}\frac{a_{n+1}}{a_n} &= \frac{(n+1)!\,n^n}{(n+1)^{n+1}n!} \\ &= \left(\left(1+\frac{1}{n}\right)^n\right)^{-1} \\ &\to e^{-1}\end{aligned}$$

である．従って，収束半径は e である．　終り

問 2．4　$0 < p < 1$ の場合は，例題 4 とほとんど同じである．$p < q < 1$ となるような q を一つ取って固定する．$b_n = \dfrac{1}{n^q}$ という数列を考え，これと比較すればよい．すなわち，十分大きいNを取れば，

$$\frac{b_{n+1}}{b_n} < \frac{a_{n+1}}{a_n}$$

が，$n \leq N$ に対して成立する．従って，$\sum a_n$ を下から押さえることができ，発散する．$p=1$ の場合は上のような q を取れないので，さらにデリケートであるが，$b_n = \dfrac{1}{n \log n}$ を取れば，これが上の $b_n = \dfrac{1}{n^q}$ の代用になり，さらに慎重に議論することによって，発散することがわかる．　終り

問 2．5　記号は，例題 5 のものを使う．次の式を用いる．

$$\log(2qn+1) = 1 + \frac{1}{2} + \cdots + \frac{1}{2qn+1} - C_{2qn+1}$$

$$\log(qn) = 1 + \frac{1}{2} + \cdots + \frac{1}{qn} - C_{qn}$$

$$\log(pn) = 1 + \frac{1}{2} + \cdots + \frac{1}{pn} - C_{pn}$$

である．従って，

$$\log(2qn+1)-\frac{1}{2}\log(qn)-\frac{1}{2}\log(pn)$$

$$=1+\frac{1}{3}+\cdots+\frac{1}{2qn+1}-\frac{1}{2}-\frac{1}{4}-\cdots\frac{1}{2p}+\frac{1}{2q+3}+\cdots-\frac{1}{2pn}+C_{2q+1}$$

$$-\frac{1}{2}C_{qn}-\frac{1}{2}C_{pn}$$

となる．従って，求める級数は，

$$\frac{1}{2}\log\frac{(2qn+1)^2}{(pn)(qn)}-C_{2qn+1}-\frac{1}{2}C_{qn}-\frac{1}{2}C_{pn}$$

であり，$n\to\infty$ のとき，$\log 2+\frac{1}{2}\log\frac{q}{p}$ となる．　　終り

問 2．6　例題6と違って，この数列は単調ではない．しかし，偶数番目と奇数番目に分けると，単調減少と，単調増加になる．それを示す．

$$a_{n+2}-a_n=1+\frac{2}{a_{n+1}+1}-1-\frac{2}{a_{n-1}+1}$$

$$=\frac{a_{n-1}-a_{n+1}}{(a_{n+1}+1)(a_{n-1}+1)}$$

である．従って，二項おきの大小関係は，逆転していく．よって，$a_{n-2}<a_n$ と $a_n<a_{n+2}$ が同値になる．初期条件，$a_1<a_3$，$a_2>a_4$ があるので，上がわかる．

漸化式から，$0<a_n$ だから，偶数番目の部分列は下に有界で，収束する．さらに，

$$|a_{n+1}-a_n|=\frac{|a_n-a_{n-1}|}{(a_n+1)(a_{n-1}+1)}$$

$$\leq\frac{1}{2}|a_n-a_{n-1}|$$

であり，偶数番目と奇数番目の差は0収束していき，同じ値に収束する．極限値を α とおくと，

$$\alpha=1+\frac{2}{1+\alpha}$$

で，これを解いて，$\alpha=\sqrt{3}$ を得る．　　終り

問 2．7　これは，無限連ルートというべきものである．同じように解釈して，有限個のルートで止めたものの作る数列を $\{a_n\}$ と置く．漸化式は，

$$a_{n+1}=\sqrt{1+a_n}\qquad a_1=1$$

である．後は，例題6と同じであり，極限値は $\frac{1+\sqrt{5}}{2}$ である．　　終り

第 3 章

問 3．1

$$v(h)=A_2h^2+\cdots+A_nh^n$$

と置く．$h=x-a$ であることに注意．

$$\lim_{h\to 0}\frac{v(h)}{h}=0$$

であり，例題 1 より $A_1=f'(a)$ である．A_1 を定義する部分においては，全く極限を使っていない．　終り

問 3．2　$u(x)=O(v(x))$，$\tilde{u}(x)=O(v(x))$ と置く．

$$\left|\frac{u(x)+\tilde{u}(x)}{v(x)}\right|\leq\left|\frac{u(x)}{v(x)}\right|+\left|\frac{\tilde{u}(x)}{v(x)}\right|$$

であり，右辺が有界ならば左辺も有界になる．$O(v(x))$ であるような関数は，$x=a$ の近くでは有界になるから，例題 2 (2)より(2)が従う．　終り

問 3．3　まず，

$$\frac{1}{1+x}-(1-x)=\frac{x^2}{1+x}$$

より，x が 0 に近いときには，

$$|1/(1+x)-(1-x)|\leq 2|x^2|$$

となることに注意しておこう．

$$\begin{aligned}\frac{1}{g(x)}&=\frac{1}{g(a)+g'(a)(x-a)+o(x-a)}\\&=\frac{1}{g(a)}\frac{1}{1+((g'(a)/g(a))(x-a)+o(x-a)}\\&=\frac{1}{g(a)}\left\{1-\left(\frac{g'(a)}{g(a)}(x-a)+o(x-a)\right)+o(x-a)\right\}\\&=\frac{1}{g(a)}-\frac{g'(a)}{g^2(a)}+o(x-a)\end{aligned}$$

となるから，$\left(\frac{1}{g(x)}\right)'=-\frac{g'(x)}{g^2(x)}$ がえられる．$f(x)/g(x)$ が $f(x)$ と $1/g(x)$ の積であることから，上の式と積の微分公式を組合せることによって商の微分公式を得る．

終り

問 3．4

(1)

$$\begin{aligned}\left(\mathrm{Sin}^{-1}\left(\frac{\sqrt{x}-1}{\sqrt{x}+1}\right)\right)'&=\frac{1}{\sqrt{1-\left(\frac{\sqrt{x}-1}{\sqrt{x}+1}\right)^2}}\frac{1}{(\sqrt{x}+1)^2}\cdot\frac{1}{\sqrt{x}}\\&=\frac{1}{2\sqrt{\sqrt{x}}\,(\sqrt{x}+1)}\end{aligned}$$

(2) ではまず，$x^{1/x}=e^{\frac{\log x}{x}}$ に注意しよう．

$$\left(x^{1/x}\right)'=\frac{1-\log x}{x^2}e^{\frac{\log x}{x}}$$
$$=(1-\log x)x^{1/x-2}$$

(3) 両辺の対数を取って微分する．関数を y と置く．

$$\log|y|=\frac{2}{3}|\log|x-1|-\frac{1}{3}\log|x+1|-\frac{1}{3}\log|x+2|$$

$$\frac{y'}{y}=\frac{1}{3}\left\{\frac{2}{x-1}-\frac{1}{x+1}-\frac{1}{x+2}\right\}$$

$$y'=-(x+3)\frac{1}{\sqrt[3]{(x+1)^4(x-1)(x+2)^4}}$$

となる． 終り

問 3．5 (1) ライプニッツの公式を使う．

$$((x+1)\sin x)^{(n)}=(x+1)\sin(x+n\pi/2)+n\sin(x+(n-1)\pi/2)$$

である．

(2) これは，$f^{(n)}(x)$ を計算してからと考えると大変になってしまう場合である．

$$\sin(x^3+\pi/3)=\frac{1}{2}\sin x^3+\frac{\sqrt{3}}{2}\cos x^3$$

である．

$$\sin x^3=\sum_{n=0}^{\infty}\frac{(-1)^n x^{6n+3}}{(2n+1)!}$$

$$\cos x^3=\sum_{n=0}^{\infty}\frac{(-1)^n}{(2n)!}x^{6n}$$

である．これらから，$f(x)$ のマクローリン展開を得る．それを用いて，

$f^{(n)}(0)=0$ 　　n が 3 の倍数でない

$f^{(n)}(0)=\dfrac{(-1)^k\sqrt{3}(6k)!}{2(2k)!}$ 　　$n=6k$ のとき

$f^{(n)}(0)=\dfrac{(-1)^k(6k+3)!}{2(2k+1)!}$ 　　$n=6k+3$ のとき

がわかる． 終り

問 3．6 $n=2$ の場合にのみ証明する．

$$|f''(x)|\le K(|f(x)|+|f'(x)|)$$

となる．平均値の定理を繰返し使うことになる．

$$|f(x)|+|f'(x)|\le|x|(|f'(\theta_1x)|+|f''(\theta_2x)|)$$
$$\le|x|(|f'(\theta_1x)|+K|f(\theta_2)|+K|f'(\theta_2x)|)$$

となる．$-\dfrac{1}{2K+2}\le x\le\dfrac{1}{2K+2}$ における $|f(x)|+|f'(x)'|$ の最大値をMとする．x

がこの区間に入っているとすると,

$$|f(x)|+|f'(x)|\leq\frac{1}{4k+2}(K+1)(|f(x)|+|f'(x)|)$$
$$\leq\frac{1}{2}M$$

である. ところが左辺の最大値はMだから, $M=0$ でなければならない. 従って, この区間の中で恒等的に 0 となる. またこの区間の長さは, x に依存しないので, 平行移動して考えることによって, この不等式が成立している全ての区間で 0 になる. n が一般の場合には,

$$|f(x)|+|f'(x)|+\cdots+|f^{(n-1)}(x)|$$

をとって同じように議論すればよい. 終り

問 3. 7 $f(x)=2x-\sin x-1$ の変動を調べることにより, $2x=\sin x+1$ はただ一つの解 α を持つことがわかる. 例題 7 と同様に,

$$|a_n-\alpha|\leq\frac{1}{2}|\sin a_{n-1}-\sin\alpha|$$
$$\leq\frac{1}{2}|\cos c||a_{n-1}-\alpha|$$
$$\leq\frac{1}{2}|a_{n-1}-\alpha|$$

となる. 従って, 例題の議論で, $a_n\to\alpha$ がわかる. 終り

第 4 章

問 4. 1 どの方法でも計算できる. この問題については, 答えだけをしるしておく.

$A=1$, $B=-8$, $C=25$, $D=-39$, $E=32$, $F=-14$, $G=7$

終り

問 4. 2 $g(x)=(x-a)^n p(x)$ と置く. ライプニッツの公式によって考えれば, $g^{(k)}$ は, $0\leq k\leq n-1$ のときは, $x-a$ を必ず因数に持ち, $g^{(k)}(a)=0$ となる. 従って $f(x)$ を k 回微分することにより, $f^{(k)}(0)=\dfrac{1}{k!}a_k$ となる. 従って, 余りが 0 になることと, 導関数が消えることが同値になる. 終り

問 4. 3 (1) e^x の展開式を使う.

$$e^x=1+x+\frac{x^2}{2}+\cdots+\frac{x^n}{n!}+\cdots$$

に代入するのだが, x のところに, $-2x^2+1$ をそのまま代入して,

$$1+(-2x^2+1)+\frac{(-2x^2+1)^2}{2}+\cdots\frac{(-2x^2+1)^n}{n!}$$

を答えにしてはならない. なぜなら, $x=0$ のときに $-2x^2+1\neq0$ となるからであ

る．そこで $e^{-2x^2+1}=e^{-2x^2}e$ として，前の部分をマクローリン展開し，全体に e をかける．

$$e\left\{1-2x^2+\frac{1}{2}(-2x^2)^2+\cdots+\frac{1}{n!}(-2x^2)^n\right\}$$
$$=e-2ex^2+2ex^4+\cdots+(-2)^n ex^{2n}$$

(2) $\tan x$ を微分して計算してもできるが，別の方法をとる．$\tan x=\dfrac{\sin x}{\cos x}$ なので，$\sin x$ と $\cos x$ のマクローリン展開を使う．これを，$\sin x$ と $\dfrac{1}{\cos x}$ の積と考える．後ろの方を考える．

$$\begin{aligned}\frac{1}{\cos x}&=\frac{1}{1-(1-\cos x)}\\&=1+(1-\cos x)+(1-\cos x)^2+o(x^4)\\&=1+\frac{1}{2}x^2-\frac{1}{24}x^4+\frac{1}{4}x^4+o(x^4)\\&=1+\frac{1}{2}x^2+\frac{5}{24}x^4+o(x^4)\end{aligned}$$

$\sin x$ と掛けあわせることによって，

$$\begin{aligned}\sin x\frac{1}{\cos x}&=\left(x-\frac{x^3}{6}+o(x^4)\right)\left(1+\frac{x^2}{2}+\frac{5x^4}{24}+o(x^4)\right)\\&=x+\frac{x^3}{3}+o(x^4)\end{aligned}$$

となる．

(3) これは合成関数の形である．

$$\begin{aligned}\frac{1}{\sqrt{1+e^x}}&=\frac{1}{\sqrt{2}}\left(1+\frac{e^x-1}{2}\right)^{-1/2}\\&=\frac{1}{\sqrt{2}}\left(1-\frac{1}{4}(e^x-1)+\frac{1}{32}(e^x-1)^2-\frac{5}{128}(e^x-1)^3\right)+o(x^3)\\&=\frac{1}{\sqrt{2}}\left(1-\frac{1}{4}\left(x+\frac{x^2}{2}+\frac{x^3}{6}\right)+\frac{1}{32}(x^2+x^3)-\frac{5}{128}x^3\right)+o(x^3)\\&=\frac{1}{\sqrt{2}}-\frac{1}{4\sqrt{2}}x-\frac{1}{32\sqrt{2}}x^2+\frac{5}{384\sqrt{2}}x^3+o(x^3)\end{aligned}$$

となる． 終り

問 4．4 $y'=\dfrac{1}{\sqrt{1-x^2}}$ である．$\sqrt{1-x^2}y'=1$ の両辺を微分して分母を払うと，

$$(1-x^2)y''-xy'=0$$

となる．ライプニッツの公式を用いて，この式を n 回微分する．

$$(1-x^2)y^{(n+2)}-2nxy^{(n+1)}+\frac{(n-1)n}{2}(-2)y^{(n)}-xy^{(n+1)}-ny^{(n)}=0$$

となる．必要なのは，$x=0$ とした式のみである．

$$y^{(n+2)}(0)=\frac{n(n+1)}{2}y^{(n)}(0)$$

であり，この漸化式を，$y^{(0)}(0)=0$，$y^{(1)}(0)=1$ の初期値で解く．まず，n が偶数ならば，$y^n(0)=0$ である．$n=2k+1$ として，$a_{2k+1}=\frac{(2k+1)!}{2^k}$ となる．

終り

問 4.5 (1) e^x のマクローリン展開を 4 次の項まで行ない，$x=0$ における近似 4 次式をかくと，

$$e^x=1+x+\frac{x^2}{2}+\frac{x^3}{6}+\frac{x^4}{24}+o(x^4)$$

である．従って，分子は，$\frac{x^4}{24}+o(x^4)$ となり，極限の値は，$\frac{1}{24}$ となる．

(2) これも近似多項式を用いる．

$$\log(1+x^2)=x^2-\frac{x^4}{2}+o(x^4) \qquad \sin x=x-\frac{x^3}{6}+o(x^4)$$

であり，分子を計算すると，

$$x^2-\frac{x^4}{2}-x\left(x-\frac{x^3}{6}\right)+o(x^4)=-\frac{1}{3}x^4+o(x^4)$$

である．従って，極限値は $-\frac{1}{3}$ となる．　終り

第 5 章

問 5.1 どちらも $x=r\cos\theta$，$y=r\sin\theta$ とおいて考える．

$$(1)\quad \lim_{r\to 0} r^2(\cos^4\theta+\sin^4\theta)=0 \qquad (2)\quad \lim_{r\to 0}\frac{1-\cos\theta\sin\theta}{1+\cos\theta\sin\theta}$$

であり，この値は θ によって全く異なるので，極限値は存在しない．　終り

問 5.2

$$\lim_{h\to 0} f_{xy}(h,0) \qquad \lim_{k\to 0} f_{xy}(0,k)$$

をそれぞれ計算して一致しないことを示す．$f_{xy}(h,0)$ は，

$$f_{xy}(h,0)=\lim_{k\to 0}\frac{f_x(h,k)-f_x(h,0)}{k}$$

である．例題 2 (2)より $f_x(h,0)=0$ であるので，$(x,y)\neq(0,0)$ で

$$f_x(x,y)=\frac{y(3x^2-y^2)(x^2+y^2)-2xy(x^3-xy^2)}{(x^2+y^2)^2}$$

である．これらを上の式に代入すると，

$$f_{xy}(h,0)=\lim_{k\to 0}\frac{(3h^2-k^2)(h^2+k^2)-2h(h^3-hk^2)}{(h^2+k^2)^2}$$
$$=1$$

である．従って，

$$\lim_{h\to 0}f_{xy}(h,0)=1$$

となる．もう一つの極限の方は，x と y をそれぞれ入替えて同じ計算をすればよいのだから，

$$\lim_{k\to 0}f_{xy}(0,k)=-1$$

となり，原点において不連続である．　終り

問 5．3　この関数も，x 軸，y 軸上で 0 であるから，$f_x(0,0)=0$，$f_y(0,0)=0$ となる．従って，接平面はもしあれば，$z=0$ でなければならない．しかし，

$$\lim_{(x,y)\to(0,0)}\frac{f(x,y)}{\sqrt{x^2+y^2}}$$
$$=\lim_{r\to 0}8\cos\theta\sin\theta(\cos^2\theta-\sin^2\theta)(\cos^4\theta-8\cos^2\theta\sin^2\theta+\sin^4\theta)$$

であり，この極限値は存在しない．　終り

問 5．4　(1)　これは，極座標とよく似ており，双曲極座標などと呼ばれる．まず，

$$\frac{\partial f}{\partial x}=\cosh t\frac{\partial f}{\partial r}-\frac{\sinh t}{r}\frac{\partial f}{\partial t}$$

$$\frac{\partial f}{\partial y}=-\sinh t\frac{\partial f}{\partial r}+\frac{\cosh t}{r}\frac{\partial f}{\partial t}$$

を導く．これを使うと，

$$\frac{\partial^2 f}{\partial x^2}$$
$$=\cosh^2 t\frac{\partial^2 f}{\partial r^2}+\frac{\cosh t\sinh t}{r^2}\frac{\partial f}{\partial t}-\frac{\cosh t\,\mathrm{shih}\,t}{r}\frac{\partial^2 f}{\partial r\partial t}-\frac{\sinh t}{r}\frac{\partial^2 f}{\partial t_2}-\frac{\sinh t\cosh t}{r}$$
$$\frac{\partial^2 f}{\partial r\partial t}+\frac{\sinh t\cosh t}{r^2}\frac{\partial f}{\partial t}+\frac{\sin^2\mathrm{t}}{r^2}\frac{\partial^2 f}{\partial t^2}$$

$$\frac{\partial^2 f}{\partial y^2}$$
$$=\sinh^2 t\frac{\partial^2 f}{\partial r^2}+\frac{\sinh t\cosh t}{r^2}\frac{\partial f}{\partial t}-\frac{\sinh t\cosh t}{r}\frac{\partial^2 f}{\partial r\partial t}$$
$$-\frac{\cosh^2}{r}\frac{\partial f}{\partial r}-\frac{\cosh t\sinh\mathrm{t}}{r}\frac{\partial^2 f}{\partial r\partial t}+\frac{\cosh t\sinh t}{r^2}\frac{\partial f}{\partial t}+\frac{\cosh^2 t}{r^2}\frac{\partial^2 f}{\partial t^2}$$

であり，

$$\frac{\partial^2 f}{\partial x^2}-\frac{\partial^2 f}{\partial y^2}=\frac{\partial^2 f}{\partial r^2}+\frac{1}{r}\frac{\partial f}{\partial r}-\frac{1}{r^2}\frac{\partial^2 f}{\partial t^2}$$

となる.

(2)　n 次元の極座標は，次のとおり.

$$
\begin{aligned}
x_1 &= r\sin\theta_1\sin\theta_2\cdots\sin\theta_{n-2}\sin\theta_{n-1}\\
x_2 &= r\sin\theta_1\sin\theta_2\cdots\sin\theta_{n-2}\cos\theta_{n-1}\\
x_3 &= r\sin\theta_1\sin\theta_2\cdots\cos\theta_{n-2}\\
\vdots &= \vdots\\
x_{n-1} &= r\sin\theta_1\cos\theta_2\\
x_n &= r\cos\theta_1
\end{aligned}
$$

この座標変換を一気に全て行なうことはとてもできない．三次元の計算と同じ方法をとる.

$$\rho = r\sin\theta_1\sin\theta_2\cdots\sin\theta_{n-2}$$

とおき，まず,

$$
\begin{aligned}
x_1 &= \rho\sin\theta_{n-1}\\
x_2 &= \rho\cos\theta_{n-1}\\
x_3 &= x_3\\
&\vdots\\
x_n &= x_n
\end{aligned}
$$

という変換を考える．これは二次元の極座標変換だから，n 次元のラプラシアンは次の形に変換される.

$$\sum_{i=1}^{n}\frac{\partial^2 f}{\partial {x_i}^2} = \frac{\partial^2 f}{\partial \rho^2} + \frac{1}{\rho}\frac{\partial f}{\partial \rho} + \frac{1}{\rho^2}\frac{\partial^2 f}{\partial {\theta_{n-1}}^2} + \sum_{i=3}^{n}\frac{\partial^2 f}{\partial {x_i}^2}$$

次に

$$
\begin{aligned}
\theta_{n-1} &= \theta_{n-1}\\
\rho &= r\sin\theta_1\sin\theta_2\cdots\sin\theta_{n-2}
\end{aligned}
$$

と x_3，…x_n までの元の変換を一気に考える．これは，ちょうど $n-1$ 次元の極座標変換と同じことである．さらに,

$$
\begin{aligned}
\frac{\partial f}{\partial \rho} &= \frac{\partial x_1}{\partial \rho}\frac{\partial f}{\partial x_1} + \frac{\partial x_2}{\partial \rho}\frac{\partial f}{\partial x_2}\\
&= \sin\theta_{n-1}\frac{\partial f}{\partial x_1} + \cos\theta_{n-1}\frac{\partial f}{\partial x_2}
\end{aligned}
$$

となることも使う．k 次元のラプラシアンを Δ_k と書くことにすると,

$$
\begin{aligned}
&\Delta_n f\\
&= \frac{1}{r\sin\theta_1\cdots\sin\theta_{n-2}}\left(\sin\theta_{n-1}\frac{\partial f}{\partial x_1} + \cos\theta_{n-1}\frac{\partial f}{\partial x_2}\right)\\
&\quad + \frac{1}{(r\sin\theta_1\cdots\sin\theta_{n-2})^2}\frac{\partial f}{\partial \theta_{n-1}} + \Delta_{n-1} f
\end{aligned}
$$

となる．ただし，右辺の Δ_{n-1} は，f，x_3，…，x_n のラプラシアンを極座標変換したものとする．これを漸化式と考えて，順次計算して行けば求める結果を得る．さらに $\dfrac{\partial f}{\partial x_1}$，$\dfrac{\partial f}{\partial x_2}$ の変形も必要である。　終り

問 5．5 (1)

$$\cos x = 1 - \frac{1}{2}x^2 + \frac{1}{24}x^4 + \cdots$$

の x のところに，$2x+y$ を代入すれば良い．

$$\cos(2x+y) = 1 - \frac{1}{2}(2x+y)^2 + \frac{1}{24}(2x+y)^4 + \cdots$$

テイラー展開はどのようにして求めても構わないことが，ここで効いてくる．

(2) 正直に微分していくとなかなか大変である．tan の加法定理を使うと，

$$\mathrm{Tan}^{-1}\left(\frac{x-y}{1+xy}\right) = \mathrm{Tan}^{-1}x - \mathrm{Tan}^{-1}y$$

となる．従って，テイラー展開は，

$$x - y - \frac{1}{3}x^3 + \frac{1}{3}y^3 + \frac{1}{5}x^5 - \frac{1}{5}y^5 \cdots$$

となる．　終り

問 5．6

$$f_x = -6x^2 + 6xy + 6y^2 + 6x$$
$$f_y = 3x^2 + 12xy + 9y^2$$

である．$f_x=0$，$f_y=0$ を解くと，

$$(x, y) = (0, 0),\ (-1, 1),\ (-1, 3)$$

が極値の候補として求められる．

$$f_{xx}f_{yy} - (f_{xy})^2 = 36\{(2x+y)(-2x+y+1) - (x+2y)^2\}$$

であるから，これに代入して，$(0, 0)$ では極小，$(1, -1)$，$(3, -1)$ では極値でないことがわかる．　終り

第 6 章

問 6．1 両辺を x で偏微分する．ただし，z は x，y の関数と思っている．

$$3x^2 + y + z + x\frac{\partial z}{\partial x} + \frac{1}{2\sqrt{x+z}}\frac{\partial z}{\partial x} = 0$$

$$\frac{\partial z}{\partial x} = \frac{-3x^2 - y - z}{x + \dfrac{1}{2\sqrt{x+z}}}$$

問 6．2 (1) まず，両辺を x で微分する．

$$1 + y' + \cos y y' = 0$$

である．さらにこの両辺を x で微分する．

$$y''-\sin y(y')^2+\cos y y''=0$$

となる．従って，

$$\begin{aligned} y'' &= \frac{\sin y}{1+\cos y}(y')^2 \\ &= \frac{\sin y}{(1+\cos y)^3} \end{aligned}$$

となる．y' は上の式から求めることができる．ただしもちろんこれらを x だけで表わすことは到底望み得ない．

(2)　これも両辺を x で微分する．

$$x^3-y+(y^3-x)y'=0$$

となる．$y'=0$，$y^3-x\neq 0$ より，$(x,y)=\pm(3^{1/8},\ 27^{1/8})$を得る．この y の値が極値になっていることを検証する．上の式をさらに x で微分すると，

$$(3x^2-y')+(3y^2-1)(y')^2+(y^3-x)y''=0$$

となり，それぞれ極大値・極小値である．　終り

問 6．3　ここで，プログラミングについて詳しく述べることはしない．マセマティカ，Derive などをもっていれば，プログラミングなしで陰関数のグラフを手に入れることができよう．ベーシック，ターボ・パスカル，C言語，などいずれでも大概グラフィックスのライブラリが付いているので，数学のグラフなどの絵をたやすくかくことができる．　終り

問 6．4

$$F(x,y,\lambda)=x^2+y^2-\lambda(ax^2+2bxy+y^2-1)$$

と置く．

$$\begin{aligned} F_x &= 2x-2\lambda ax-2\lambda by=0 \\ F_y &= 2y-2\lambda bx-2\lambda cy=0 \\ F_\lambda &= -(ax^2+2bxy+cy^2-1)=0 \end{aligned}$$

一番目の式に x を掛け，二番目の式にyを掛けて加えると，

$$x^2+y^2-\lambda(ax^2+2bxy+cy^2)=0$$

となる．三番目の式を代入して，

$$x^2+y^2=\lambda$$

を得る．上の二つの式は，x，y に関する斉次連立方程式で，もし $x=0$，$y=0$ だけしか解をもたないとすると，条件式に矛盾する．従って，

$$(a-\lambda)(c-\lambda)-b^2=0$$

である．これを解いて，

$$\lambda=\frac{a+c\pm\sqrt{(a-c)^2+4b^2}}{2}$$

となる．さて，$ax^2+2bxy+cy^2=1$ は楕円の方程式で，$x^2+y^2=1$ は半径 1 の円周の方程式で，有界閉集合だから必ず，最大値最小値をもつことになる．従って，大きい方の λ が最大値で，小さい方が最小値になり，どちらも極値である．　終り

問 6．5 (1)　$x=u^{2/5}v^{-1/5}$，$y=u^{1/5}v^{2/5}$ である．ヤコビアンは，

$$\frac{\partial x}{\partial u}\frac{\partial y}{\partial v}-\frac{\partial x}{\partial v}\frac{\partial y}{\partial u}$$

$$=\frac{2}{5}u^{-3/5}v^{-1/5}\cdot\frac{2}{5}u^{1/5}v^{-3/5}-\frac{1}{5}u^{-4/5}v^{2/5}\cdot\left(-\frac{1}{5}u^{2/5}v^{-6/5}\right)$$

$$=\frac{1}{5}u^{-2/5}v^{-4/5}$$

(2)　n 次元極座標については，ラプラシアンのところの問題を参照されたい．ここでも同じ様に，間に ρ という変数を入れて変換の数を増やして考える．最初の変換のところでは，

$$x_1=\rho\sin\theta_{n-1}\qquad x_2=\rho\cos\theta_{n-1}$$

であるから，ヤコビアンは，

$$\rho=r\sin\theta_1\, r\sin\theta_2\cdots\sin\theta_{n-2}$$

である．従って，k 次元の極座標変換のヤコビアンを J_k とかくと，$J_n=\rho J_{n-1}$ である．$J_2=r$ であることと，上の漸化式より，

$$J_n=r^{n-1}\sin^{n-2}\theta_1\sin^{n-3}\theta_2\cdots\sin\theta_{n-1}$$

問 6．6 (1)

$$z_x=f'(x)g(y)\qquad z_y=f(x)g'(y)$$

である．さらに，

$$z_{xy}=f'(x)g'(y)$$

である．これらより，

$$z_xz_y=z_{xy}z$$

を得る．

(2)　x と y とで偏微分する．

$$z_x=-\frac{1}{x}f'\left(\frac{y}{x}\right)$$

$$z_y=-\frac{1}{y^2}z+\frac{1}{xy}f'\left(\frac{y}{x}\right)$$

これらを全て合わせて，

$$xz_x+z_y+\frac{1}{y}z=0$$

を得る． 終り

第 7 章

問 7．1 (1)

$$\frac{1}{2\sqrt{x-1}}f(\sqrt{x-1})-3x^2f(x^3+1)$$

(2) こちらの方は，被積分関数の中に x が入っている．例題 1 のようにやってもよいのだが，ここでは最も素朴にやってみよう．

$$\int_0^x \sin(x-t)f(t)\,dt$$
$$=\sin x\int_0^x \cos t\, f(t)\,dt-\cos x\int_0^x \sin t\, f(t)\,dt$$

である．右辺を微分すると，

$$\cos x\int_0^x \cos t\, f(t)\,dt+\sin x\cos x\, f(x)+\sin x\int_0^x \sin x\, f(t)\,dt-\cos x\sin x\, f(x)$$
$$=\int_0^x \cos(x-t)f(t)$$

問 7．2 まず部分分数分解を行なう．

$$\frac{1}{x^8-16}=\frac{1}{8}\left\{\frac{1}{x^4-4}-\frac{1}{x^4+4}\right\}$$

長くなるので，二つの項を別々に積分する．

まず簡単な方から．

$$\int\frac{dx}{x^4-4}$$
$$=\frac{1}{4}\left\{\int\frac{1}{2\sqrt{2}}\left(\frac{1}{x-\sqrt{2}}-\frac{1}{x+\sqrt{2}}\right)-\int\frac{1}{x^2+2}\right\}dx$$
$$=\frac{1}{8\sqrt{2}}\log\left|\frac{x-\sqrt{2}}{x+\sqrt{2}}\right|-\frac{1}{4\sqrt{2}}\mathrm{Tan}^{-1}\frac{x}{\sqrt{2}}+C$$

もう一つの方．

$$\int\frac{dx}{x^4+4}$$
$$=\frac{1}{16}\left\{\int\frac{-x+2}{(x-1)^2+3}dx+\int\frac{x+2}{(x+1)^2+3}dx\right\}$$
$$=\frac{1}{16}\left\{\int\frac{-(x-1)}{(x-1)^2+3}dx+\int\frac{dx}{(x-1)^2+1}\right.$$
$$\left.+\int\frac{x+1}{(x+1)^2+3}dx+\int\frac{dx}{(x+1)^2+3}\right\}$$
$$=\frac{1}{32}\log\frac{x^2+2x+4}{x^2-2x+4}+\frac{1}{16\sqrt{3}}\left\{\mathrm{Tan}^{-1}\frac{x-1}{\sqrt{3}}+\mathrm{Tan}^{-1}\frac{x+1}{\sqrt{3}}\right\}+C$$

これらを全てまとめれば良いが，もはや書かない．

(2) $\tan x/2=t$ と置く．

$$\int\frac{dx}{1+2\cos x}$$

$$=\int\frac{dt}{1+2\dfrac{1-t^2}{1+t^2}}\frac{2}{1+t^2}dt$$

$$=\int\frac{dt}{3-t^2}$$

$$=\frac{1}{2\sqrt{3}}\log\left|\frac{\tan x/2+\sqrt{3}}{\tan x/2-\sqrt{3}}\right|+C$$

(3) $\tan x=t$ と置く．

$$\int\frac{\sin^2 x}{1+8\cos^2 x}=\int\frac{\dfrac{t^2}{1+t^2}}{1+8\dfrac{1}{1+t^2}}\frac{dt}{1+t^2}$$

$$=\int\frac{t^2}{(t^2+9)(t^2+1)}dt$$

$$=\frac{1}{8}\int\left\{\frac{1}{t^2+1}-\frac{1}{t^2+9}\right\}dt$$

$$=\frac{1}{8}\left\{3\mathrm{Tan}^{-1}\frac{\tan x}{3}\right\}+C$$

終り

問 7．3 点Pの座標を，$(x, \sqrt{x^2-1})$ と置く．斜線の部分の面積を計算する．

$$\frac{1}{2}x\sqrt{x^2-1}+\int_1^x\sqrt{s^2-1}\,ds$$

$$=\frac{1}{2}x\sqrt{x^2-1}+\left[\frac{1}{2}\log\left(s+\sqrt{s^2-1}\right)-\frac{1}{2}s\sqrt{s^2-1}\right]_1^x$$

$$=\frac{1}{2}\log\left(x+\sqrt{x^2-1}\right)$$

$$=\frac{t}{2}$$

である．この式を x について解く．

$$x+\sqrt{x^2-1}=e^t$$

$$x=\frac{e^t+e^{-t}}{2}$$

終り

問 7．4 (1) 簡単な問題である．

$$\int\frac{dx}{\sqrt{(3-x)(x-1)}}=\int\frac{dx}{\sqrt{1-(x-2)^2}}$$
$$=\mathrm{Sin}^{-1}(x-2)+C$$

(2) この問題は，通常あまり触れられない型である．

$$\sqrt[3]{(x+1)(x-1)^2}=(x-1)\sqrt[3]{\frac{x+1}{x-1}}$$

となるので，$\sqrt[3]{\dfrac{x+1}{x-1}}=t$ と置くことによって，t の有理関数の積分に持込むことができる．

$$x=\frac{t^3+1}{t^3-1} \qquad \frac{dx}{dt}=\frac{-6t^2}{(t^3-1)^2}$$

従って，積分は次のように変形される．

$$\int\frac{-12t^3}{(t^3-1)^3}\,dt$$

以下計算して行くが，複雑なので，要点のみ記す．また x には戻していない．

$$(-4)\int t\cdot\frac{3t^2}{(t^3-1)^3}\,dt$$
$$=\frac{2t}{(t^3-1)^2}-2\int\frac{dt}{(t^3-1)^2}$$
$$=\frac{t}{(t^3-1)^2}+\frac{2t}{3(t^3-1)}-\frac{4\,\mathrm{Tan}^{-1}\left(\dfrac{2t+1}{\sqrt{3}}\right)}{3\sqrt{3}}+\frac{4\log|t-1|}{9}+\frac{2\log(t^2+t+1)}{9}+C$$

終り

問 7．5 $x+y=t$ と置いて，x，y を t の有理関数で表わす．

$$yt^2=2(t-y)$$
$$y=\frac{2t}{t^2+2}$$
$$x=t-y=t-\frac{2t}{t^2+2}$$
$$\frac{dx}{dt}=1-2\left\{\frac{(t^2+2)-t\cdot 2t}{(t^2+2)^2}\right\}$$
$$=\frac{t^2(t^2+6)}{(t^2+2)^2}$$

これら全てを用いる．

$$\int y\,dx=\int\frac{2t^3(t^2+6)}{(t^2+2)^3}\,dt$$
$$=\frac{4}{(t^2+2)^2}+\frac{2}{2+t^2}+\log(t^2+2)+C$$

$$=\frac{4}{((x+y)^2+2)^2}+\frac{2}{2+(x+y)^2}+\log((x+y)^2+2)+C$$

終り

問 7.6 (1) 次の二つの公式が必要である．

$$\int e^x\cos x\,dx=\frac{e^x(\cos x+\sin x)}{2}$$

$$\int e^x\sin x\,dx=\frac{e^x(\sin x-\cos x)}{2}$$

これらを使って，

$$\int xe^x\cos x\,dx=\frac{xe^x(\cos x+\sin x)}{2}-\int\frac{e^x(\cos x+\sin x)}{2}dx$$

$$=\frac{xe^x(\cos x+\sin x)}{2}-\frac{1}{2}e^x\sin x$$

(2) この積分を I_n とかく．$\mathrm{Sin}^{-1}x=t$ と置く．$x=\sin t$，$\dfrac{dx}{dt}=\cos t$ である．

$$I_n=\int t^n\cos t\,dt$$

$$=t^n\sin t+nt^{n-1}\cos t-n(n-1)\int t^{n-2}\cos t\,dt$$

(3) $I_{m,n}$ と置いて，漸化式を求める．

$$I_{m,n}$$

$$=\frac{1}{m+1}x^{m+1}(\log x)^n-\frac{n}{m+1}\int x^m(\log x)^{n-1}dx$$

$$=\frac{1}{m+1}x^{m+1}(\log x)^n-\frac{n}{m+1}I_{m,n-1}$$

mには関係無く，n のみが下がって行き，いつかは0となる．

終り

第 8 章

問 8．1 (1)

$$\int_0^1 \sin \pi x\, dx = \frac{2}{\pi}$$

(2)

$$\int_0^1 \log(1+x)dx = [(x+1)\log(x+1)-(x+1)]_0^1$$
$$= 2\log 2 - 1$$

終り

問 8．2 (1) $e^x = t$ と置いて置換積分する．

$$\int_1^{\sqrt{3}} \frac{dt}{(t^2+1)^2}$$

である．ここでもう一度 $t=\tan\theta$ とおく．

$$\int_{\pi/4}^{\pi/3} \cos^2\theta\, d\theta = \int_{\pi/4}^{\pi/3} \frac{1+\cos 2\theta}{2} d\theta$$
$$= \frac{\pi + 3\sqrt{3} - 6}{24}$$

(2) 積を和になおす公式を用いる．

$$\int_0^\pi \frac{\cos(m-n)x - \cos(m+n)x}{2} dx$$

となる．k を整数とするとき，

$$\int_0^\pi \cos kx\, dx = \begin{cases} 0 & k \neq 0 \\ \pi & k = 0 \end{cases}$$

である．従って，$m=n$ のとき，$\frac{\pi}{2}$，$m \neq n$ のとき 0 である．　終り

問 8．3 (1) $\varepsilon > 0$ とする．

$$\int_0^{1-\varepsilon} \frac{x \operatorname{Sin}^{-1} x}{\sqrt{1-x^2}} dx = \left[-\sqrt{1-x^2}\operatorname{Sin}^{-1} x\right]_0^{1-\varepsilon} + \int_0^{1-\varepsilon} dx$$
$$= -\sqrt{1-(1-\varepsilon)^2}\operatorname{Sin}^{-1}(1-\varepsilon) + 1 - \varepsilon$$

である．ここで，$\varepsilon \to +0$ として，1 となる．

(2) 一気に求めるのは無理なので，

$$I_n = \int_0^1 (\log x)^n dx$$

と置き，漸化式にする．まず，$x=0$ の近くで，

$$|(\log x)^n| \leq \frac{M}{\sqrt{x}}$$

が言えるので，この広義積分は収束する．

$$I_n=\lim_{\varepsilon\to+0}[x(\log x)^n]_\varepsilon^1-nI_{n-1}$$
$$=-nI_{n-1}$$

である．例題 3(3)より $I_1=-1$ であるから，

$$I_n=(-1)^n n!$$

終り

問 8．4　$x=0$ と $x\to+\infty$ の両方で広義積分になっている．分けて考えよう．

$$\int_0^1\frac{dx}{x^\beta(1+x^{10})^\alpha}$$

は，$x=0$ の近くでは，$\dfrac{1}{x^\beta}$ の積分と収束発散を同じくするから，$0<\beta<1$ のとき収束，$\beta\geq 1$ のときに発散となる．

$$\int_1^\infty\frac{dx}{x^\beta(1+x^{10})^\alpha}$$

を考える．

$$\lim_{x\to\infty}\frac{x^{10\alpha+\beta}}{x^\beta(1+x^{10})^\alpha}=1$$

であるので，$\dfrac{1}{x^{10\alpha+\beta}}$ の積分と収束発散を同じくする．従って，$0<10\alpha+\beta<1$ のときには発散，$1\geq 10\alpha+\beta$ のときに収束する．

全体の積分が収束するためには両方の広義積分が収束しなければならないので，$0<\beta<1$，かつ $0<10\alpha+\beta<1$ のときに収束し，そうでなければ，発散であることがわかる．

終り

問 8．5　これも次の積分と収束発散を共にする．

$$\int_{10}^\infty\frac{dx}{x\log x\log(\log x)}$$

これは，$\log x=t$ として，

$$\int_{\log 10}^\infty\frac{dt}{t\log t}$$

さらに $\log t=s$ として，

$$\int_{\log(\log 10)}^\infty\frac{ds}{s}$$

となるから，発散することがわかる．

終り

問 8．6　二つに分けて置換積分してみる．

$$\int_0^1\frac{\log x}{1+x^2}dx+\int_1^\infty\frac{\log x}{1+x^2}dx$$
$$=\int_0^1\frac{\log x}{1+x^2}dx-\int_0^1\frac{\log t}{1+t^2}dt$$

である．そこで0になるとやると，正解と言ってはくれない．どちらも広義積分なので，$\infty-\infty$の形になることもあり得る．

$$\lim_{x\to 0}\sqrt{x}\frac{\log x}{1+x^2}=0$$

$$\lim_{x\to\infty}x^{3/2}\frac{\log x}{1+x^2}=0$$

であるから，どちらの広義積分も収束してくれ，結果は0になる．

(2) Mを正の数とする．

$$\int_0^M\frac{xe^x}{(1+e^x)^2}dx=\left[-\frac{x}{(1+e^x)}\right]_0^M+\int_0^M\frac{dx}{1+e^x}$$
$$=-\frac{M}{1+e^M}+\int_0^M\frac{dx}{1+e^x}$$

である．$M\to\infty$ のとき，第一項は0に収束する．第二項も明らかに広義積分として収束している．

$$\int_0^\infty\frac{dx}{1+e^x}dx=\int_1^\infty\frac{dt}{t(t+1)}$$
$$=\log 2$$

途中 $e^x=t$ と変換した．　　　　終り

問 8．7 (1) ベータ関数の定義式において，$x=\dfrac{1}{1+t^2}$ と置換積分する．

$$B\left(n-\frac{1}{2},\ \frac{1}{2}\right)=\int_\infty^0\frac{1}{(1+t^2)^{n-3/2}}\frac{t^{-1}}{(1+t^2)^{-1/2}}\frac{2t}{(1+t^2)^2}dt$$
$$=2\int_0^\infty\frac{dt}{(1+t^2)^n}$$

この置換積分の精神は，$x=\cos^2\theta$，$\tan\theta=t$ を一度にやったのである．

(2) $e^{-x}=u$ と置換積分する．

$$\Gamma(t)=\int_0^\infty x^{t-1}e^{-x}dx$$
$$=-\int_1^0\left(\log\frac{1}{u}\right)^{t-1}du$$

終り

問 8．8 (1) ベータ関数の定義式で，$x=\dfrac{1}{t+1}$ と置換する．

$$B(p,q)=\int_0^\infty\frac{t^{p-1}}{(1+t)^{p-1}}\frac{1}{(1+t)^{q-1}}\frac{1}{(1+t)^2}dt$$

である．これを整理する．

(2) これは(1)の右辺において，$p=5$，$q=3$ と置いたものであるから，$B(5,3)$ であ

る．ベータ関数をガンマ関数で表わす基本公式を使って，

$$\frac{\Gamma(5)\Gamma(3)}{\Gamma(8)}=\frac{4!2!}{7!}=\frac{1}{105}$$

終り

問 8．9 H_n は形から，n 次の多項式である．$n<m$ と仮定する．

$$\int_{-\infty}^{\infty} H_n(x)H_m(x)e^{-x^2}dx$$
$$=(-1)^{n+m}\int_{-\infty}^{\infty} e^{x^2}\frac{d^n}{dx^n}e^{-x^2}\cdot e^{x^2}\frac{d^m}{dx^m}e^{-x^2}\cdot e^{-x^2}dx$$
$$=(-1)^{n+m}\int_{-\infty}^{\infty} e^{x^2}\frac{d^n}{dx^n}e^{-x^2}\cdot\frac{d^m}{dx^m}e^{-x^2}dx$$
$$=(-1)^{m}\int_{-\infty}^{\infty} H_n(x)\frac{d^m}{dx^m}e^{x_2}dx$$
$$=(-1)^{m}\left[-\frac{d}{dx}H_n(x)\frac{d^{m-1}}{dx^{m-1}}e^{-x^2}\right]_{-\infty}^{\infty}-(-1)^m\int_{-\infty}^{\infty}\frac{d}{dx}H_n(x)\frac{d^{m-1}}{dx^{m-1}}e^{-x^2}dx$$

となる．第一項は，多項式と，e^{-x^2} の積の形になるので，$-\infty$ と ∞ では共に 0 に収束する．第二項は，$H_n(x)$ を $\dfrac{dH(x)}{dx}$ に，m を $m-1$ に変えたものになっている．この部分積分を繰返して行くと，n 次式は $n+1$ 回微分されて 0 になってしまう．

$n=m$ の場合には，0 にはならないが，上の計算をそのままなぞると，n 回部分積分を行なった段階で，

$$\int_{-\infty}^{\infty}(\text{constant})e^{-x^2}dx$$

となっている．(constant) はエルミート多項式 H_n の最高次の係数の $n!$ 倍である．従って，最後にこれを求める．

$$\frac{d^n}{dx^n}e^{-x^2}=\{(-2x)^n+\cdots\}e^{-x^2}$$

であり，最高次の係数は，2^n である．従って，

$$<H_n(x),\ H_n(x)>=\sqrt{\pi}\,n!2^n$$

である．

終り

第 9 章

問 9．1 (1) 重積分の最も基本となる問題である．このような場合，必ずグラフをかいて調べること．

$$\int_{1/4}^{1/\sqrt{2}}dx\int_{1/2}^{\sqrt{x}}f(x,y)dy+\int_{1/\sqrt{2}}^{1}dx\int_{x^2}^{\sqrt{x}}f(x,y)dy$$

(2) 対数は必ず和の形にしてから計算すること．

$$\iint_D (5\log x+7\log y)\,dxdy=\int_1^3 dx\int_1^x (5\log x+7\log y)dy$$
$$=\int_1^3 \{5(x-1)\log x+7(x\log x-x+1)\}dx$$
$$=\int_1^3 (12x\log x-5\log x-7x+7)dx$$
$$=[6x^2\log x-9x^2+7x]_1^3$$
$$=54\log 3-58$$

終り

問 9．2 これも，このままの順番ではどうしようもない例である．まず，xの方から積分することにしよう．これは実際には広義積分だが，ここではこだわらないことにする．

$$\int_0^1 dy\int_y^1 e^y \frac{dx}{\sqrt{(1-x)(x-y)}}$$
$$=\int_0^1\int_y^1 e^y \frac{dx}{\sqrt{\left(\frac{1-y}{2}\right)^2-\left(x-\frac{y+1}{2}\right)^2}}$$
$$=\int_0^1 \pi e^y\,dy=\pi(e-1)$$

終り

問 9．3．z，y，x の順に積分することにしよう．

$$\int_0^{\pi/2} dx\int_0^{2x} dy\int_0^{y+x} \cos(x+y+z)dz$$
$$=\int_0^{\pi/2} dx\int_0^{2x} (\sin 2(x+y)-\sin(x+y))dy$$
$$=\int_0^{\pi/2}\left\{-\frac{\cos 6x}{2}+\cos 3x+\frac{1}{2}\cos 2x-\cos x\right\}dx$$
$$=\left[-\frac{\sin 6x}{12}+\frac{1}{3}\sin 3x+\frac{1}{4}\sin 2x-\sin x\right]_0^{\pi/2}$$
$$=-\frac{4}{3}$$

終り

問9．4 (1) $x-2y=u$，$3x+y=v$ と置換積分する．$x=\dfrac{u+2v}{7}$，$y=\dfrac{v-3u}{7}$ である．ヤコビアンは，$\dfrac{1}{7}$ である．積分領域は

$$D=\{(u,v):1\leq v\leq 2,\ 0\leq u,\ u\leq v\}$$

となる．従って以下のとおり．

$$\frac{1}{7}\iint_D e^{u/v}dudv$$

$$=\frac{1}{7}\int_1^2 dv\int_0^v e^{u/v}du$$

$$=\frac{1}{7}\int_1^2 v(e-1)dv$$

$$=\frac{3}{4}(e-1)$$

(2)　$x=r^{10}\cos^{20}\theta$, $y=r^{10}\sin^{20}\theta$ と置換積分する．r と θ に関する条件は，$0\leq 1$, $0\leq\theta\leq\pi/2$ となる．ヤコビアンは，$200r^{90}\sin^{19}\theta\cos^{19}\theta$ となる．

$$\int_0^1 r^{19}dr\cdot\int_0^{\pi/2}\cos^{19}\theta\sin^{19}\theta d\theta$$

$$=\frac{200}{20}\int_0^{\pi/2}\cos^{19}\theta\sin^{19}\theta\, d\theta$$

$$=5\,\frac{9!9!}{19!}$$

となる．最後のところでは，以前に出てきたベータ関数による計算を用いた．

終り

問 9．5　グラフの形をみるために，極座標を使わなければならない．$x=r\cos\theta$, $y=r\sin\theta$ とすると，

$$r=\frac{\sin^2 2\theta}{2^{9/2}\sin^5(\theta+\pi/4)}$$

となり，$-\pi/4<\theta<\pi/4$ のところに，グラフは存在し，囲む部分は，第一象限のところである．

次に積分の計算にかかることにする．$x\geq 0$, $y\geq 0$ として良いので，$x=r\cos^4\theta$, $y=r\sin^4\theta$ と置くことが許される．

$$r=\cos^4\theta\sin^4\theta$$

となる．ヤコビアンは，$2r\sin\theta\cos\theta$ である．r，θ に関する積分領域は，

$$\{(r,\theta):0\leq\theta\pi/2,\ 0\leq r\leq\cos^4\theta\sin^4\theta\}$$

となる．

$$\int_0^{\pi/2}d\theta\int_0^{\cos^4\theta\sin^4\theta}2r\sin\theta\cos\theta\, dr$$

$$=\int_0^{\pi/2}\cos^9\theta\sin^9\theta\, d\theta$$

$$=126$$

終り

問 9．6　(1)　$\varepsilon>0$ を一つとる．

$$\int_{\sqrt{\varepsilon}}^1 dx\int_0^{x^2-\varepsilon}\frac{dy}{\sqrt{x^2-y}}=\int_{\sqrt{\varepsilon}}^1(2x-2\sqrt{\varepsilon})dx$$

である．この形までもってくると，$\varepsilon\to+0$ としてもよい．

$$\int_0^1 2xdx=1$$

(2) この問題では，被積分関数と積分領域のどちらに重きを置くか迷うところである．積分領域に従って，極座標変形するのがうまい．$x=r\sin\theta\cos\phi$, $y=r\sin\theta\sin\phi$, $z=r\cos\theta$ である．ヤコビアンは $r^2\sin\theta$，積分領域は次のとおり．

$$\{(r,\theta,\phi):0\leq r\leq 1,\ 0\leq\theta\leq\pi,\ 0\leq\phi\leq 2\pi\}$$

被積分関数から ϕ が消えてしまうことなどから，次のようになる．

$$2\pi\int_0^1 dr\int_0^\pi \frac{r^2\sin\theta}{\sqrt{r^2-2ar\cos\theta+a^2}}d\theta$$

$$=2\pi\int_0^1 dr\int_1^{-1} r^2\frac{-dt}{\sqrt{-2art+r^2+a^2}}$$

$$=\frac{2\pi}{a}\int_0^1 r(|r+a|-|r-a|)dr$$

ここで，絶対値があるので，$1\leq a$ と $0\leq a<1$ に場合分けしなければならない．

$a\leq 1$ の場合は，

$$\frac{2\pi}{a}\int_0^1 2r^2dr=\frac{4\pi}{3a}$$

である．$0\leq a<1$ の場合には，元来広義積分であったはずだが，上の段階までは，同様に変形できて，広義積分は収束していることがわかる．

$$\frac{2\pi}{a}\left\{\int_0^a 2r^2dr+\int_a^1 2ar\,dr\right\}=\frac{2\pi}{3}(3-a^2)$$

これは，一様に電荷を帯びた球体のなすクーロンポテンシャルの計算である．

終り

問 9．7 $x=u(1-v)$, $y=uv$ であるから，ヤコビアンは，u である．積分領域は，u, v の言葉でかくと，

$$0<v<1 \qquad 0\leq u<\infty$$

である．この領域を D とする．さらに，次のように置く．

$$D'=\{(x,\ y):x\geq 0,\ y\geq 0\}$$

$$\Gamma(\alpha)\Gamma(\beta)=\iint_{D'} x^{\alpha-1}e^{-x}y^{\beta-1}e^{-y}dxdy$$

$$=\iint_D u^{\alpha+\beta+1}(1-v)^{\alpha-1}v^{\beta-1}e^{-u}dudv$$

$$=\int_0^\infty u^{\alpha+\beta-1}e^{-u}\cdot\int_0^1(1-v)^{\alpha-1}v^{\beta-1}dv$$

$$=\Gamma(\alpha+\beta)B(\alpha,\ \beta)$$

終り

第10章

問10．1 (1) 変数分離型である．

$$\frac{1}{y^2-1}\frac{dy}{dx}=\frac{x}{x^2+1}$$

$$\frac{1}{2}\log\left|\frac{y-1}{y+1}\right|=\frac{1}{2}\log(x^2+1)+C$$

$$\frac{y-1}{y+1}=\pm e^C(x^2+1)$$

ここで，$\pm e^C=D$ と置くことにより，

$$y=\frac{-D(x^2+1)-1}{Dx^2+D-1}$$

が一般解である．

(2) これは，同次型である．

$$\frac{dy}{dx}=\frac{x}{y}+\frac{y}{x}$$

$u=\dfrac{y}{x}$ とおくと，例題のように，

$$x\frac{du}{dx}=\frac{1}{u}$$

$$u\frac{du}{dx}=\frac{1}{x}$$

$$\frac{1}{2}u^2=\log|x|+C_0$$

$$y^2=2x^2\log|x|+Cx^2$$

終り

問10．2 (1) 非斉次項を0にした方程式は，$y'=y$ であるから，$y=Ce^x$ と解ける．このCを x の関数と思って元の方程式に代入する．

$$C''(x)=xe^{-x}$$

$$C(x)=-xe^{-x}-e^{-x}+D$$

元の式に戻して，

$$y=De^x-x-1$$

(2) 全く同様である．非斉次項を0にした方程式の解は，

$$y=C\exp\left(\frac{1}{2}x^2\right)$$

Cが関数と思って元の方程式に代入し，Cを求めると，$C=x+D$ である．従って，

$$y=(x+D)\exp\left(\frac{1}{2}x^2\right)$$

終り

問10．3 この方程式が三つの実数解をもつ場合と，二つの共役複素数の解と，一つの実数解を持つ場合とがある．最初の場合．三つの実数解を λ_1，λ_2，λ_3 とする．

一般解は，

$$y=Ae^{\lambda_1 x}+Be^{\lambda_2 x}+Ce^{\lambda_3 x}$$

となる．例えば，$y(0)$，$y'(0)$，$y''(0)$ をどのように与えても，それを満たすように，A，B，C を決めることができる．次の場合．実数解を λ，虚数解を $\alpha\pm\beta i$ とする．

一般解は，

$$y=Ae^{\lambda x}+Be^{\alpha x}\cos\beta x+Ce^{\alpha x}\sin\beta x$$

である．この場合にも，任意の初期条件を満たすように定数を決めることができる．

終り

問10．4 ルジャンドルの微分方程式である．まず，

$$\frac{dy}{dx}=\frac{dy}{d\theta}\Big/\frac{dx}{d\theta}=-\frac{1}{\sin\theta}\frac{dy}{d\theta}$$

である．これを繰返し使って行けば良い．

$$\begin{aligned}&(1-x^2)\frac{d^2y}{dx^2}-2x\frac{dy}{dx}+\lambda y\\&=\sin^2\theta\left(-\frac{1}{\sin\theta}\right)\frac{d}{d\theta}\left(-\frac{1}{\sin\theta}\frac{dy}{d\theta}\right)+2\frac{\cos\theta}{\sin\theta}+\lambda y\\&=\sin\theta\left(-\frac{\cos\theta}{\sin^2\theta}\frac{dy}{d\theta}+\frac{1}{\sin\theta}\frac{d^2y}{d\theta^2}\right)+2\frac{\cos\theta}{\sin\theta}\frac{dy}{d\theta}+\lambda y\\&=\frac{d^2y}{d\theta^2}+\frac{\cos\theta}{\sin\theta}\frac{dy}{d\theta}+\lambda y=0\end{aligned}$$

終り

問10．5 ベルヌイの微分方程式である．$n=2$ の場合にあたるので，$z=1/y$ として，x の関数 z の微分方程式にすれば良い．

$$\frac{dz}{dx}=xy\frac{dz}{dx}=\exp\left(\frac{1}{2}x^2\right)$$

となる．**問10．4** (2) と同じ方程式だから，$z=(x+C)\exp\left(\frac{1}{2}x^2\right)$ である．従って，

$$y=\frac{1}{(x+C)\exp\left(\frac{1}{2}x^2\right)}$$

終り

問10．6 対応する積分方程式は，

$$y(x)=\int_0^x(t+1)dt+1$$

$y_1(x)=1$ として，順次 $y_n(x)$ を計算して行くことにする．

$$\begin{aligned}y_2(x)&=\int_0^x(t-1)dt+1\\&=\frac{1}{2}x^2+x+1\end{aligned}$$

以下同様にして，

$$y_3(x)=\frac{1}{6}x^3+x^2+x+1$$

$$y_4(x)=\frac{1}{24}x^4+\frac{1}{3}x^3+x^2+x+1$$

$$\begin{aligned}y_5(x)&=\frac{1}{5\cdot4\cdot3}x^5+\frac{1}{4\cdot3}x^4+\frac{1}{3}x^3+x^2+x+1\\&=2\left(\frac{1}{5!}x^5+\frac{1}{4!}x^4+\frac{1}{3!}x^3+\frac{1}{2!}x^2+\frac{x}{1!}+\frac{1}{0!}\right)-x-1-\frac{1}{5!}x^5\end{aligned}$$

である．e^x のマクローリン展開の n 次までの項を $e_n(x)$ とすると，

$$y_n(x)=2e_n(x)-x-1-\frac{1}{n!}x^n$$

である．$n\to\infty$ とすると，任意の有界な区間上で，

$$y_n(x)\to2e^x-x-1$$

が一様収束となる．従って，極限関数は元の積分方程式，微分方程式を満たす．因みに，これは，元の微分方程式を直接解いた結果と一致している．　終り

問10．7　これは，クレーローの微分方程式と呼ばれるものである．両辺を微分する．

$$\begin{aligned}2y'y''+2y'+2xy''-2y'=0\\(x+y')y''=0\end{aligned}$$

従って，$y'=-x$，または，$y''=0$ となる．それぞれ解くと，

$$y=-\frac{1}{2}x^2+A \qquad y=Bx+C$$

となる．これらを元の微分方程式に代入して，定数の条件をみなければならない．最初の解を代入すると，$A=0$ となる．次の解を代入すると，$C=\dfrac{B^2}{2}$ となる．従って，解は次のとおり．

$$y=-\frac{1}{2}x^2 \qquad y=Bx+\frac{B^2}{2}$$

前の解は，後ろの曲線族の包絡線になっている．グラフをかいて観察すると，やはり，解の一意性は破れていることがわかる．　終り

問10．8　(1)　$y=\sum_{n=0}^{\infty}a_nx^n$ として方程式に代入する．

$$\sum_{n=2}^{\infty} n(n-1)a_n x^{n-2} = -\omega^2 \sum_{n=0}^{\infty} x^n$$

となる．左右で x の冪の次数が合っていないので，それを合わせて両辺の係数を比較すると，

$$(n+1)(n+2)a_{n+2} = -\omega^2 a_n$$

となる．従って，数列 $\{a_n\}$ を確定するためには，初期値として，$a_0=A$ と $a_1=B$ が必要である．

$$a_{2k} = \frac{(-1)^k \omega^{2k}}{(2k)!} A \qquad a_{2k+1} = \frac{(-1)^k \omega^{2k}}{(2k+1)!} B$$

となる．この数列を元の級数に代入すると，

$$y = A\cos\omega x + B\sin\omega x$$

(2)　右辺が分数の形になっているのは好ましくないので，左辺に移項して，$(x+1)y'=1$ の形にし，やはり級数の形を代入する．

$$\begin{aligned}\sum_{n=0}^{\infty}(n-1)a_{n+1}x^n(1+x) &= \sum_{n=1}^{\infty}\{(n+1)a_{n+1}+na_n\}x^n \\ &= 1\end{aligned}$$

となる．これより，

$$a_1 = 1 \qquad (n+1)a_{n+1} + na_n = 0 \quad (n \geq 1)$$

である．従って，$a_n = \dfrac{(-1)^{n-1}}{n}$ であり，

$$\begin{aligned} y &= \sum_{n=1}^{\infty} \frac{(-1)^{n-1}}{n} x^n + a_0 \\ &= \log(1+x) + a_0 \end{aligned}$$

終り

問10．9　直接両辺を計算する方法もあるが，左辺の計算が結構ややこしい．ここでは，別の方法を採用する．Q_n は $\nu=n$ のときの（＊＊）の定数倍を除いてただ一つの多項式の解であった．一方，$u=(x^2-1)^n$ と置く．$u'=2nx(x^2-1)^{n-1}$ だから，u は次の微分方程式を満たす．

$$(x^2-1)u' - 2nxu = 0$$

この両辺を $n+1$ 回微分する．ライプニッツの公式によって計算すると，

$$(x^2-1)u^{(n+2)} + 2xu^{(n+1)} - n(n+1)u^{(n)} = 0$$

従って，$y=u^{(n)}$ と置くと，y はルジャンドルの微分方程式（＊）を満たしていることがわかる．従って，両辺の関数は，定数倍を除いて一致しなければならない．両辺の最高次の係数（これは易しい）を比較することによって，ロドリゲスの公式を得る．

終り

第11章

問11．1　例題の条件を満たしていて，最大値を取るが最小値は取らない例．

$$f(x)=e^{-x^2}$$

次に，両方の極限が一致しない場合の反例．$f(x)=\mathrm{Tan}^{-1}x$ とすればよい．全区間で単調増加だから最大値も最小値もない．しかし，

$$\lim_{x\to-\infty}f(x)=-\frac{\pi}{2}\qquad\lim_{x\to\infty}f(x)=\frac{\pi}{2}$$

は満たしている．　終り

問11．2　$f(x)$ の方は，有界でないので，必然的に一様連続ではない．具体的に言えば，

$$|f(1/M)-f(2/M)|=M$$

であり，$1/M$ と $2/M$ の差は幾らでも小さくなるが，$f(x)$ による値の方は，小さくなるどころか，幾らでも大きくなっている．

$g(x)$ の方は，有界である．この場合，

$$\left|g\left(\frac{1}{2n\pi+\pi/2}\right)-g\left(\frac{1}{2n\pi}\right)\right|=1\qquad f(x)=$$

となり，やはり x の方が幾ら近くても g の値の方は近くなっていない．ついでに言えば，g は有界であるが，有界変動でない関数の典型である．　終り

問11．3　ロルの定理を繰返し使う．ただし，零点の外側でロルの定理を使うところが注意が必要である．$f(x)=e^{-x^2}$とする．$f'(x)$ は $x=0$ で零点をもつ．さらには，$x\to\infty$ で $f(x)\to0$ であり，$x>0$ で $f'(x)$ は恒等的に 0 ではないので，$f'(a)=f'(b)\neq0$，$0<a<b$ となる a，b が取れる．従って，$f''(c)=0$，$c>0$ を満たす c が少なくとも一つ存在する．同様に負の方にも $f''(x)=0$ の解が取れる．

$f'''(x)$ の零点を考えよう．$f''(x)$ の二つの零点の間には，ロルの定理によって，$f'''(x)$ の零点がある．$f''(x)$ の零点のところの議論と同じ理由で，$f''(x)$ の零点の外側にも，$f'''(x)$ の零点が一つずつできる．このようにして，微分して行くごとに零点は少なくとも一つずつ増えていく．従って，$f^{(n)}(x)$ は少なくとも n 個の零点を持つことになる．ところが，

$$H_n(x)=(-1)^n e^{x^2}f^{(n)}(x)$$

であり，$f^{(n)}(x)$ と $H_n(x)$ の零点は同じところにある．しかも $H_n(x)$ は n 次式だから，零点は多くとも n 個である．従って結論が従う．　終り

問11．4　高次微分係数が全て 0 になることを示す．$f(x)$ の形は，$x=1$ に関して対称であるから，右側微分係数を計算して，0 になれば左側微分係数も 0 になる．これで問の解答になる．さらに $x-1=t$ と置いて，$t=0$ で考えよう．$t\neq0$ では，$g(t)=e^{-t^{-1/2}}$ である．右側微分係数には，下に＋を付けて表わすことにしよう．

$$g'_+(0)=\lim_{t\to+0}\frac{g(t)-g(0)}{t}$$

である．$g(0)=0$ とロピタルの定理から，$g'_+(0)=0$ であることがわかる．従って，$g'(0)=0$ である．以下，帰納的に

$$g_+^{(n+1)}(0)=\lim_{t\to+0}\frac{g^{(n)}(t)-g^{(n)}(0)}{t}$$

である．順次計算して行けば，結局は，指数関数が多項式より早く大きくなることによって，0 になることがわかる．　終り

問11．5　$[0,\ 1]$ を小区間に分割して行くとき，どんなに小さい区間にわけても，必ずその中に有理数と無理数がある．従って，

$$\sum_{i=0}^{n}f(\xi_i)(x_i-x_{i-1})$$

における $f(\xi_i)$ は，全て 0 に取ることも全て 1 に取ることもできるので，リーマン和は，0 になったり，1 になったりして，決して一定の値に収束することはない．　終り

問11．6　まず，積分記号下で微分できることをみる．$\alpha_0>0$ で微分することを考える．α が $\frac{\alpha_0}{2}<\alpha<2\alpha_0$ を動くとしてよい．

$$e^{-\alpha x^2}\leq e^{-\frac{\alpha_0}{2}x^2}$$

であり，右辺は $(-\infty,\infty)$ で可積分である．

そもそも，

$$F(\alpha)=\sqrt{\frac{\pi}{\alpha}}$$

である．

$$F'(\alpha)=\int_{-\infty}^{\infty}(-x^2)e^{-\alpha x^2}dx$$

$$=-\frac{1}{2}\sqrt{\pi}\,\alpha^{-3/2}$$

$$F''(\alpha)=\int_{-\infty}^{\infty}x^4e^{-\alpha x^2}dx$$

$$=\frac{3}{4}\sqrt{\pi}\,\alpha^{-5/2}$$

である．それぞれ二番目の式で，$\alpha=1$ と置くことによって，

$$\int_{-\infty}^{\infty}x^2e^{-x^2}dx=\frac{\sqrt{\pi}}{2}$$

$$\int_{-\infty}^{\infty}x^4e^{-x^2}dx=\frac{3\sqrt{\pi}}{4}$$

を得る．これは，熱統計力学の教科書によく載っている． 終り

第12

問12．1　2項定理の場合とよく似ている．

$$\{\log(1+x)\}'=\frac{1}{1+x}$$

である．$\log(1+x)$ の n 次の剰余項を $R_n(x)$ とする．剰余項の形をみる．

$$R_n(x)=\int_0^x \frac{(t-x)^{(n-1)}}{(n-1)!}(\log(1+t))^{(n)}dt$$
$$=(-1)^{n-1}\int_0^x \left(\frac{t-x}{1+t}\right)^{n-1}(1+t)^{-1}dt$$

例題と同じく，$\left|\frac{t-x}{1+t}\right|\leq|x|$ だから，$-1<x<1$ のときには，0に収束することがわかる．

$x=1$ の場合．この場合は，$\frac{1}{1+t}\leq 1$ を考慮に入れれば，

$$|R_n(1)|\leq\int_0^1\left|\frac{1-t}{1+t}\right|^{n-1}dt$$

である．さらに，$0<t<1$ で$0\leq\left(\frac{1-t}{1+t}\right)^{n-1}\leq 1$，しかも $\frac{1-t}{1+t}$ が t の単調減少な関数である．従って，例題2により $n\to\infty$ で $R(1)\to 0$ となることがわかる． 終り

問12．2　この解答は最も簡明なものではないが，本文例題2の方法によった．これは，積分記号下の極限と広義積分が両方入っているので大変である．

まず，

$$\frac{1}{\sqrt{1+nx^5}}\leq\frac{1}{\sqrt{1+x^5}}$$

である．$\varepsilon>0$ を任意に取る．十分大きいMをひとつ取って，

$$\int_M^\infty \frac{dx}{\sqrt{1+x^5}}<\varepsilon/3$$

となるようにしよう．以後は，$[0,\ M]$ に限定して考えることができる．$n\to\infty$ としたいのだが，$x=0$ においては，分母は大きくなってくれない．そこで，$\delta>0$ を十分小さく取って，

$$\int_0^\delta \frac{1}{\sqrt{1+x^5}}<\varepsilon/3$$

としておく．$\delta\leq x\leq M$ においては，

$$\frac{1}{\sqrt{1+nx^5}}\leq\frac{1}{\sqrt{n}\sqrt{\delta^5}}$$

これを用いると，

$$\int_{\delta}^{M}\frac{dx}{\sqrt{1+nx^5}}\leq\frac{M}{\sqrt{n}\sqrt{\delta^5}}$$

となる．十分大きい，Nを取れば，$n\geq N$ を満たす全てのnに対して，

$$\int_{\delta}^{M}\frac{dx}{\sqrt{1+nx^5}}<\varepsilon/3$$

となる．これら全てをあわせて，

$$\int_{0}^{\infty}\frac{dx}{\sqrt{1+nx^5}}<\varepsilon$$

終り

問12．3 近似計算で有効数字を確定させるためには，マクローリン展開の級数では不十分で，剰余項の評価が必要となる．

$$e=\sum_{k=1}^{n}\frac{1}{k!}+\frac{e^c}{(n+1)!}$$

ただし，$0<c<1$ である．従って，第n項まで計算した誤差は，決して $\frac{3}{(n+1)!}<\frac{1}{n!}$ を超えない．だから，$\frac{1}{n!}$ が10^{-6}以下になるぐらい計算すれば，それが求める答えになる．

$$1+1+\frac{1}{2}+\frac{1}{6}+\frac{1}{24}+\frac{1}{120}+\frac{1}{720}+\frac{1}{5040}+\frac{1}{40320}+\frac{1}{362880}+\frac{1}{3628800}$$

$=2.718281\cdots$

である．従って，2.71828が答えになる．　終り

問12．4 $f(x)=x^5-2$ であるから，漸化式は，

$$a_{n+1}=\frac{1}{5}\left(a_n+\frac{2}{a_n^4}\right)$$

である．$a_1=1$ として計算していく．このような場合，漸化式に繰返して代入して，小数第5位までの値が変わらなくなってしまうと，そこまでの数値は正しい．$a_2=1.2$，$a_3=1.529012\cdots$，$a_4=1.148728\cdots$，$a_5=1.148698\cdots$，$a_6=1.148698\cdots$である．a_5 と a_6 の差は，1.6×10^{-6} 以下であるから，1.14869を答えとして採用してよい．

終り

索　引

タ行

ナ行

ハ行

マ行

ヤ行

ラ行

著者紹介：

梶原　毅（かじわら・つよし）

昭和 54 年　京都大学理学部卒業

昭和 59 年　大阪大学大学院基礎工学研究科博士課程修了

岡山大学教養部助教授、環境理工学部教授を経て、現在岡山大学名誉教授

工学博士

初学者のための微積分学（教養編）

2023 年 6 月 21 日　　初版第 1 刷発行

著　者　　梶原　毅

発行者　　富田　淳

発行所　　株式会社　現代数学社

〒 606-8425 京都市左京区鹿ヶ谷西寺ノ前町 1

TEL 075 (751) 0727　FAX 075 (744) 0906

https://www.gensu.co.jp/

装　幀　　中西真一（株式会社 CANVAS）

印刷・製本　　亜細亜印刷株式会社

ISBN 978-4-7687-0609-1　　2023 Printed in Japan